Rally Obedience

DER HUNDESPORT FÜR JEDERMANN

CADMOS

ANGELIKA SCHRÖDER

Rally Obedience

DER HUNDESPORT FÜR JEDERMANN

CADMOS

Autorin und Verlag haben den Inhalt dieses Buches mit großer Sorgfalt und nach bestem Wissen und Gewissen zusammengestellt. Für eventuelle Schäden an Mensch und Tier, die als Folge von Handlungen und/oder gefassten Beschlüssen aufgrund der gegebenen Informationen entstehen, kann dennoch keine Haftung übernommen werden.

Gestaltung und Satz: Johanna Böhm, Dassendorf
Lektorat: Maren Müller

Coverfoto und Fotos im Innenteil: Claudia Träger, sofern nicht anders angegeben

Druck: Westermann Druck, Zwickau

Deutsche Nationalbibliothek – CIP-Einheitsaufnahme
Die Deutsche Nationalbibliothek verzeichnet diese Publikation in der Deutschen Nationalbibliografie; detaillierte bibliografische Daten sind im Internet über http://dnb.ddb.de abrufbar.

Printed in Germany

ISBN: 978-3-8404-2024-5

INHALT

Einleitung 9

Rally Obedience – eine Erfolgsgeschichte 11

Das Besondere an Rally Obedience 11
Rally Obedience als Hundesport 12
Ein Sport für alle 13
Für Mensch-Hund-Teams mit und ohne Turniererfahrung 15
Für Hundefreunde, die Hundesport eher ablehnen 15
Warum ausgerechnet Rally Obedience? 15
Unterhaltsame Grundausbildung 17
Partnerschaftliche Zusammenarbeit im Team 17
Förderung der positiven Beziehung zum Hund 17
Intensivierung der Kommunikation 17
Spaß mit dem Hund 18
Treffen mit Gleichgesinnten 18

Wie alles beginnt 21

Das Team 21
Die Ausstattung 21
Allgemeine Trainingshinweise 22
Grundkommandos 25
Sitz 25
Platz 27
Bleib 27
Hier/Komm 28

Die Übungsstationen 31

Start und Ziel 32
Übungen für Einsteiger 32
Stationäre Übungen 33
Erste Richtungsänderungen 38
Vorsitzübungen 44
Tempowechsel 52
Einfache Figuren 54
Drehungen auf der Stelle 60
Übungen für Fortgeschrittene 71
Schwierige Richtungsänderungen 71
Bleibübungen 77
Abrufübungen 81
Sprünge über Hürden 91
Figuren 96
Stehübungen 101
Übungen aus der Bewegung 111
Besonderheiten in Deutschland 113
Besonderheiten in der Schweiz 120

Parcours – Überraschung und Spannung für das Team 129

Übungsstrecken 129
Miniparcours 130
Training an Stationen 133
Beispiele für Übungsparcours 134
Turnierparcours 137
Spiele 138

Rally-Obedience-Turniere sind anders 141

Die Stimmung bei Rally-Obedience-Turnieren 141
Voraussetzungen für die Teilnahme 142
Was uns erwartet 143
Regelwerke müssen sein 145
Österreich 146
Schweiz 146
Deutschland 146

Ausblick 149

Entspannte Stimmung und familiären Charakter erhalten 149
Neue Übungen 150
Leistungsvergleiche auf (Bundes-)Länderebene 150

Anhang 153

Quellenverzeichnis 153
Bücher 153
Websites 153
Beispiele für Turnierparcours 154
Danke 158

Verzeichnis der Übungen 159

B-021
Slalom hin
und zurück

EINLEITUNG

Gibt es nicht schon mehr als genug Bücher über jede Art Hundesport? Braucht die Hundewelt ein Sachbuch über Rally Obedience? Die Antwort heißt: „Ja, es ist dringend notwendig!"

Rally Obedience hat sich in den vergangenen Jahren fast wie ein Geheimtipp verbreitet. Über Mund-zu-Mund-Propaganda, über persönliche Kontakte, fand sich eine kleine, noch sehr überschaubare Gruppe von Hundesportlern zusammen, die sich Rally Obedience auf ihre Fahnen schrieben. Erste Absprachen über die Ausführung der Übungen fanden statt, erste Turniere wurden ausgerichtet.

Seit rund zwei Jahren nimmt nun die Zahl der Hundefreunde, die sich für Rally Obedience interessieren, so stark zu, dass Absprachen im kleinen Kreis nicht mehr ausreichen, um alle Interessenten zu erreichen und um Fragen für alle gleichlautend zu beantworten. Darum ist es an der Zeit, dass ein Buch die wichtigsten Informationen über diesen sich schnell ausbreitenden Hundesport zusammenfasst.

Hier ist er nun, der praktische Ratgeber für alle Rally-Obedience-Sportler und solche, die es werden wollen. Auch Trainer von Rally-Obedience-Gruppen finden hier sicher noch wertvolle Hinweise.

Das Buch bietet neben genauen Beschreibungen aller gängigen Übungen aus dem Rally Obedience vielfältige Trainingstipps, die genau zeigen, wie man einem Hund die einzelnen Übungen beibringen kann. Häufig werden mehrere Methoden vorgestellt und beschrieben. Jeder kann auswählen, welche Methode sich für das jeweilige Mensch-Hund-Team am besten eignet, denn schließlich kann man nicht alle Hundeführer und Hunde über einen Kamm scheren. Außerdem gibt es Informationen zum Ablauf von Turnieren und zu Regelwerken, wobei auf die nationalen Unterschiede im deutschsprachigen Raum hingewiesen wird. Ein intensiver Vergleich der verschiedenen Reglements findet aber nicht statt; das würde den Rahmen dieses Praxisbuches sprengen.

Dieses Buch soll dazu beitragen, dass Rally Obedience als Funsportart einen festen Platz neben den bereits etablierten Hundesportarten findet. Was es hingegen nicht kann und auch nicht soll, ist, die persönliche Betreuung durch einen kompetenten, einfühlsamen Trainer zu ersetzen. Denn nur dieser kann auf die individuellen Besonderheiten jedes Teams eingehen, und Lesen allein reicht zum Erlernen der Sportart nun doch nicht aus.

Der Einfachheit halber wird im Folgenden die männliche Form „Hundeführer" oder „Hundefreund" gewählt, wobei damit selbstverständlich auch die Hundeführerinnen und Hundefreundinnen gemeint sind.

Flotte-Pfoten
Lengede
Klasse 2
Rally Obedience

RALLY OBEDIENCE

eine Erfolgsgeschichte

Rally Obedience kommt, wie so viele andere Hundesportarten, aus den USA und wurde dort Ende der 1990er-Jahre von Charles „Bud" Kramer entwickelt. Im Lauf der folgenden Jahre schrieben sich zwei große amerikanische Hundesportverbände die Förderung von Rally Obedience auf ihre Fahnen: die APDT (Association of Pet Dog Trainers) und der AKC (American Kennel Club). Regelwerke entstanden, Trainer, Richter und Stewards wurden ausgebildet, in immer mehr Vereinen trainierten Hundesportler Rally Obedience, regionale und nationale Turniere wurden ausgerichtet; die Zahl der Anhänger stieg rasant.

Schnell verbreitete sich Rally Obedience nicht nur in den USA und in Kanada (CARO, Canadian Association of Rally Obedience), sondern es fand in den letzten Jahren auch seinen Weg über den Atlantik nach Europa. In Großbritannien, den skandinavischen Ländern, in Italien, in Slowenien und schließlich auch im deutschsprachigen Raum, in der Schweiz, in Österreich und in Deutschland entdeckten immer mehr Hundefreunde Rally Obedience (auch RallyO oder RO genannt) für sich als Hundesportart.

Das Besondere an Rally Obedience

Was an Rally Obedience so besonders ist, so anders im Vergleich zu den herkömmlichen Hundesportarten, und warum es so viele Menschen begeistert, ist leicht erklärt: Erstens ist Rally Obedience für wirklich alle Hundefreunde geeignet und zweitens macht es riesigen Spaß. Es gibt kaum einen Hund oder einen Menschen, der diese Sportart nicht ausüben könnte! Große und kleine, alte und junge, dicke und dünne, unbegrenzt mobile und mobilitätsbegrenzte Menschen und Hunde, ob mit Handicap oder ohne, alle können und dürfen teilnehmen.

Auch die Anforderungen an den Trainingsstand halten sich in Grenzen: Schon mit ein bisschen Übung ist ein Anfängerparcours erfolgreich zu bewältigen.

Ganz abgesehen davon wird für den Rally-Obedience-Parcours so wenig Zubehör benötigt, dass sich jeder mit minimalem materiellen und finanziellen Aufwand seinen persönlichen Parcours zusammenstellen kann.

Bevor es mit dem Hund in einen Parcours geht, laufen die Hundeführer den Parcours ab. (Foto: Angelika Schröder)

Rally Obedience als Hundesport

Was genau kann man sich nun unter Rally Obedience vorstellen? Eine Gehorsamkeitsrallye? Die Idee des Erfinders ging tatsächlich in diese Richtung. Nach der Grundausbildung seines Hundes stehen für den Besitzer Sportarten wie Obedience oder Agility zur Auswahl. Aber nicht jedem liegt die beim Obedience geforderte Perfektion, und nicht jeder Hund (und auch nicht jeder Hundeführer) ist hinsichtlich Sprungstärke und Schnelligkeit den Anforderungen des Agility gewachsen. Gehorsamkeitstraining oder Unterordnung mit dem Hund war und ist nicht besonders beliebt. Darum wurde versucht, die klassische Unterordnung neu zu gestalten, um Hundebesitzer und Hundefreunde dafür zu begeistern. Da Agility überall auf der Welt große Begeisterung hervorruft, diente der Aufbau eines Agilityparcours als Inspiration. Das Ziel war, dem Gehorsamkeitstraining mit dem Hund seinen Charakter als lästiges Pflichtprogramm zu nehmen und es zu einer schönen, beglückenden Beschäftigung für Mensch und Hund zu machen.

Beim Agility absolvieren die Teams eine Vielzahl von Hindernissen in immer wieder unterschiedlicher Reihenfolge. Das ist eine Herausforderung für den Menschen: Er muss eine Strategie entwickeln, um den Hund so schnell wie möglich fehlerfrei durch den Parcours zu führen. Diese Idee wurde auf Rally Obedience übertragen. Hier gibt es jedoch anstelle der Hindernisse Übungsstationen. Die Stationen bestehen aus Schildern in DIN-A4-Größe, die dem

Team durch Symbole sagen, was an dieser Stelle zu tun ist und in welche Richtung es nach Erfüllung der Aufgabe weitergeht. Die Aufgabe selbst kann sich aus dem Obedience beziehungsweise der Unterordnung oder aus dem allgemeinen Gehorsamkeitstraining ableiten. Gefordert sind Übungen wie Wendungen in jede Richtung, um 90, 180, 270 oder 360 Grad, ein Slalom um Pylonen, das Voraussenden über eine Hürde, Bleibübungen, Vorsitzübungen, Platz aus der Bewegung und viele weitere. Außerdem sehen manche Rally-Obedience-Regelwerke Übungen zur Futterverweigerung und zum Apport vor.

Ziel ist es nun, dass sich das Team möglichst schnell durch den Parcours bewegt, wobei der Hund bei Fuß geht und die unterschiedlichen Stationen so präzise wie möglich abgearbeitet werden.

Ein Parcours besteht im Schnitt aus 20 Übungen und muss normalerweise innerhalb von vier Minuten absolviert werden. Er wird auf einem 20 mal 30 Meter großen Areal (oder kleiner) aufgebaut. Ähnlich wie im Agility werden von den Richtern stets neue Parcours erdacht. Sie unterscheiden sich durch die Auswahl der Übungen und durch deren Reihenfolge.

Im Gegensatz zur klassischen Unterordnung und zum Obedience dürfen Mensch und Hund während des Parcours nach Lust und Laune miteinander kommunizieren. Der Hundeführer darf den Hund ansprechen, er darf ihn motivieren und anfeuern. Er darf beliebig viele Hör- und Sichtzeichen geben. Tabu ist nur jegliche Korrektur des Hundes – sei es durch Hand, Leine oder Stimme. Sie führt zu Punktabzug oder sogar zur Disqualifikation des Teams.

Auf seinem Weg von Amerika nach Europa hat sich Rally Obedience weiterentwickelt. In den verschiedenen Nationen wurden unterschiedliche Schwerpunkte gesetzt, einige Übungen wurden verändert, abgewandelt, ergänzt, es kamen ganz neue Übungen hinzu – Rally Obedience blühte auf.

Ein grundlegender Unterschied der Regelwerke, der sogar schon bei den beiden amerikanischen Verbänden auftauchte, liegt in der Art der erlaubten Belohnung der Hunde. Die Belohnung mit Futter ist in einigen Regelwerken in den unteren Schwierigkeitsklassen nach bestimmten Übungen erlaubt, in anderen nicht. So überlässt Österreich diese Entscheidung dem Veranstalter, und in der Schweiz und in Deutschland erlauben die übergeordneten Verbände die Futterbelohnung in den unteren Schwierigkeitsklassen.

Ein Sport für alle

Für wen Rally Obedience der richtige Sport ist, wurde ja bereits angesprochen: für jede und jeden! Denn genau das ist die Idee, die dahintersteckt. Der Spaß am Umgang mit dem Hund, die freudige Zusammenarbeit stehen im Vordergrund, und diese sind unabhängig von Alter, Geschlecht, Statur, Gewicht oder Erfahrung.

Selbst Kinder können hier ihre ersten „Gehversuche" mit einem Hund machen: Einfache Unterordnungsübungen werden spielerisch erlernt, Lob wird großzügig verteilt, und zwar an beide Teile des Teams, was eine Leidenschaft für das gemeinsame Tun weckt. Kinder haben oft weniger Vorbehalte, sich auch einmal für ihren Hund zum Clown zu machen, um ihn aufzumuntern, was besonders bei ruhigen, schüchternen Hunden hilft. Die Hunde lernen, was die anfangs noch ungeschickten Sichtzeichen der Kinder bedeuten, sie passen sich in bewundernswerter Weise ihren jungen Teampartnern an. Häufig haben die Kinder und Jugendlichen auch eine raschere Auffassungsgabe beim Erlernen und Umsetzen der Übungsschilder als Erwachsene.

Ebenso wie Kinder mitmachen können, steht Rally Obedience selbstverständlich auch Junghunden offen. Erste Gehorsamkeitsübungen mit viel Hilfe, Lob und Futterbelohnung zu erlernen und dabei nette Hundekollegen und nette Menschen zu treffen, nimmt der Grundausbildung die Strenge und lässt sie wie ein unterhaltsames Spiel mit dem menschlichen Partner erscheinen. Und das Erlernte hilft durchaus bei der Vorbereitung auf spätere Prüfungen und Herausforderungen im Hundesport.

Aber auch Senioren, sowohl menschliche als auch hündische, finden hier Aufnahme und anregende Beschäftigung. Viele ältere Hunde können die klassischen Hundesportarten wegen der hohen körperlichen Anforderungen nicht mehr ausüben. Vielen älteren Hundebesitzern geht es genauso. Im Rally Obedience treffen die Seniorenteams auf moderate Anforderungen in Bezug auf Schnelligkeit und körperliche Fitness. Bei körperlichen Behinderungen der Hunde können Sprünge angepasst, die schwierigeren Linksdrehungen weggelassen und so Überforderungen vermieden werden. Selbst taube oder blinde Hunde können mit entsprechender Unterstützung mitmachen. Taube Hunde lernen, auf die Sichtzeichen ihres Hundeführers zu achten, blinde Hunde bekommen durch Hörzeichen wie Schnalzen oder Klatschen akustische Hilfen, um sich orientieren zu können, und Sprünge können und dürfen entsprechend angepasst werden, indem die Stange niedriger

Auch ein blinder Hund kann mitmachen.

oder gegebenenfalls ganz auf den Boden gelegt wird.

Ist der Hundeführer oder der Hund gehbehindert, kann ihm mehr Zeit zur Bewältigung des Parcours eingeräumt werden. Für Rollstuhlfahrer ist ein ebener Boden, beispielsweise ein Parkplatz, als Parcoursfläche angenehmer, eine kurz geschnittene Rasenfläche ist aber auch ausreichend.

Für Mensch-Hund-Teams mit und ohne Turniererfahrung

Turniererfahrene Hundehalter und Hunde erleben, dass Anspannung und Stress, wie sie bei Turnieren im traditionellen Hundesport immer mehr zur Regel werden, hier nicht vorhanden sind. Rally Obedience eröffnet vielen sensiblen Hunden neue Türen: Im klassischen Obedience zum Beispiel dürfen Hundeführer während der Übungen nicht mit dem Hund sprechen, ihm keine Rückmeldung geben, ihn nicht loben. Das ist erst nach Beendigung des Übungsteils erlaubt. Für sensible Hunde dauert das manchmal zu lange, sie werden im Lauf des Trainings immer unsicherer, weil sie nicht aushalten können, dass ihr Mensch sie minutenlang nicht bestätigt, und in Turnieren verweigern sie schließlich die Mitarbeit. Für solche Teams ist Rally Obedience eine Oase. Endlich erfährt der Hund wieder Bestätigung, er lebt auf und hat wieder Freude an der Zusammenarbeit mit seinem Menschen.

Das ist aber nicht der einzige Unterschied zum klassischen Obedience. Im Rally Obedience ist der Bewertungsspielraum für eine Übung erheblich größer. Die Zahl 30 spielt dabei eine wichtige Rolle: Der Hund muss nicht am Bein seines Hundeführers „kleben", er darf bis zu einem Abstand von 30 Zentimetern nebenherlaufen, er darf bis zu einem Winkel von 30 Grad schräg sitzen und erhält dennoch die volle Punktzahl. So kann auch ein williger, gut ausgebildeter Familienhund neben einem Obedience-Hund bestehen und in einem Wettbewerb auf den vorderen Plätzen landen.

Für Hundefreunde, die Hundesport eher ablehnen

Die Teilnahme an Turnieren und der Vergleich mit anderen Hundefreunden sind selbstverständlich freiwillig. Mensch und Hund können natürlich auch einfach so, ganz für sich, Spaß am Rally-Obedience-Training haben. Aber die fröhliche, entspannte Atmosphäre im Training und bei Rally-Obedience-Turnieren wird jeden beeindrucken und davon überzeugen, dass alle mit Freude dabei sind, und ihn vielleicht dazu ermutigen, es doch einmal zu versuchen.

Warum ausgerechnet Rally Obedience?

Was kann ein Hundebesitzer mit Rally Obedience erreichen, was andere Hundesportarten nicht auch bieten könnten?

Es gibt zahlreiche Gründe, die für das Rally-Obedience-Training sprechen. Prinzipiell ist es immer besser, mit dem Hund zu arbeiten, sich mit ihm zu beschäftigen, als ihn sich selbst zu überlassen. Ein gut ausgebildeter Hund hat Fähigkeiten, die nicht nur im privaten Bereich, sondern auch in der Öffentlichkeit nützlich sind. Er achtet besser auf seinen Hundeführer, er kann dessen Körpersprache lesen und hat gelernt, angemessen darauf zu reagieren. Der Hundeführer hat gelernt, wo die Grenzen seines Hundes sind, wie er ihn führen, wie er ihn besänftigen, wo er ihm vertrauen und wie und wo er ihn kontrollieren sollte und muss. Im Besonderen sprechen folgende Gründe für den Einstieg in die Sportart Rally Obedience:

Beim Rally Obedience lernt der Hund, genau auf seinen Hundeführer zu achten. (Foto: Angelika Schröder)

Unterhaltsame Grundausbildung

Rally Obedience ist zwar ein eigenständiger Fun-Hundesport, aber es ist auch von unschätzbarem Wert in der Grundausbildung der Hunde. Sowohl in der klassischen Unterordnung als auch im Agility und im Obedience gibt es Anteile, in denen die Hunde in mehr oder weniger großer Distanz zu ihrem Hundeführer arbeiten und dennoch Kontakt zu ihm halten und auf ihn achten, seine Anweisungen begreifen und umsetzen müssen. Im Rally Obedience lernen die Hunde von Beginn an, den unterschiedlichsten Wendungen und Drehungen ihres Hundeführers zu folgen sowie Bewegungs- und Abrufübungen zu absolvieren. Spiralen und Slalom bringen den Hunden auf spielerische Weise bei, die Fußposition an der Seite ihres Hundeführers zu halten. Der Parcours ist für sie eine riesengroße Wundertüte. Anders als in einer Begleithundeprüfung, in der das Schema fest vorgegeben ist, wartet an jeder Station eine neue Überraschung in Form einer Übung. Die Hunde lernen auf unterhaltsame Weise, dass sie ihre Menschen gut beobachten müssen, weil es immer wieder neue, für sie nicht vorhersehbare Aufgaben gibt. Nach dem Training sind sie physisch und psychisch ausgelastet. Der Hundeführer ist entlastet, weil ihm die Arbeit abgenommen ist, sich selbst Aufgaben und Übungen für seinen Hund auszudenken und dabei auch noch Abwechslung ins Training zu bringen.

Partnerschaftliche Zusammenarbeit im Team

Die im Rally Obedience auf angenehmste Art erworbenen Fähigkeiten, etwa die, den Menschen aufmerksam im Auge zu behalten, seine Zeichen zu verstehen und zu befolgen, sind für die Teams beim Übergang zu den traditionellen Hundesportarten wie Agility, Obedience oder Turnierhundesport von immensem Vorteil, und sie dienen als zusätzliche Vorbereitung auf eine angestrebte Begleithundeprüfung. Auch Hunde, die sich im Agility verselbstständigt hatten oder die im Obedience oder der klassischen Unterordnung in der Fußarbeit keinen Kontakt zum Menschen halten konnten, finden durch das Rally-Obedience-Training plötzlich einen neuen Zugang. Aus zwei mehr oder weniger beziehungslos nebeneinanderher laufenden Lebewesen wird plötzlich ein echtes Team.

Förderung der positiven Beziehung zum Hund

Die Förderung einer positiven Beziehung des Menschen zum Hund ist ein weiteres Ziel. Die Betonung liegt hier auf dem Wort „positiv". Viele Hundebesitzer glauben, dass ihr Hund sie genau versteht und weiß, was sie von ihm wollen, aber manche Anweisungen „mit Absicht" nicht befolgt. Und auf der anderen Seite steht der Hund ratlos vor seinem Menschen und verzweifelt an den für ihn nicht verständlichen Kommandos oder an ungenauen Handzeichen. Die Verständigung zwischen Mensch und Hund scheitert also immer noch viel zu oft an Fehlinterpretationen. Dem Hund werden menschliche Absichten und Gefühle unterstellt (zum Beispiel ein Dickkopf oder ein schlechtes Gewissen), und es wird völlig ausgeblendet, dass er ein Tier ist, mit tierischen Instinkten, Bedürfnissen und Fähigkeiten, das Gefühle wie ein schlechtes Gewissen überhaupt nicht kennt. Die erlaubte Bestätigung während der Übungsausführung trägt in großem Maß dazu bei, dass Mensch und Hund im Umgang miteinander sicherer werden, sich besser verstehen und miteinander wohlfühlen.

Intensivierung der Kommunikation

Im Rally-Obedience-Training ist es erlaubt, ja sogar erwünscht, dass der Mensch mit seinem Hund kommuniziert. Das bedeutet fröhliche Ansprache, freundliche Aufforderungen, begeistertes Anfeuern und ausgiebiges Lob in den höchsten Tönen seitens des Menschen. Diese Verhaltensweisen gehören (leider) nicht zum Standardrepertoire jedes Menschen, so manch einer muss sie erst mühsam erlernen. Aber – es lohnt sich, es lohnt sich gewaltig, denn der vierbeinige Partner begreift (vielleicht zum ersten Mal), was sein Mensch eigentlich von ihm will. Unter Anleitung eines Trainers lernt das Mensch-Hund-Team, sich gegenseitig zu beobachten und im richtigen Moment zu reagieren. Sowohl der Mensch, der den Hund mit dickem Lob oder sogar mit Futter in genau dem richtigen Moment bestätigt, als auch der Hund, der mit der präzisen Ausführung eines Kommandos reagiert, sprechen plötzlich die gleiche Sprache. Der Erfolg lässt sich langfristig nicht verhindern, die Zusammenarbeit des Teams wird immer besser. Am stolzen Lächeln oder breiten Grinsen der Menschen nach einer gelungenen Übung, an den funkelnden Augen und der wedelnden Rute des Hundes lässt sich leicht ablesen: Wir verstehen einander und wir arbeiten gut zusammen!

Es geht in der Zusammenarbeit nicht länger um Dominanz und um Unterordnung wie in den frühen Jahren der Hundeausbildung. Beide Teile des Teams sind echte Partner, die einander respektieren und das auch zeigen.

Spaß mit dem Hund

Dass die Teams beim Rally-Obedience-Training auch Spaß miteinander haben, ist jetzt sicher jedem klar. Besonders dann, wenn sich der Trainer einmal neue Übungen ausdenkt, wie zum Beispiel:

- Der Hund macht Platz, der Mensch hüpft auf einem Bein um ihn herum und schlägt dabei mit den Armen auf und ab, als wären sie Flügel.
- Der Mensch setzt sich auf einen Stuhl und der Hund geht um ihn herum.

Der Fantasie sind keine Grenzen gesetzt, solange es allen Beteiligten gefällt. Und was hat das noch mit Rally Obedience zu tun? Für unsere Hunde ist eine Übung so ernsthaft und so sinnvoll oder sinnlos wie die andere. Sie unterscheiden nicht zwischen ernsten und lustigen Übungen. Für uns Menschen aber bedeuten sie Spaß mit dem Hund, Beschäftigung mit dem Hund und gute Laune und Lachen mit dem Hund, und das ist der Boden, auf dem eine gute Beziehung zwischen beiden wachsen und gedeihen kann.

Treffen mit Gleichgesinnten

Nicht zuletzt ist das Rally-Obedience-Training eine Möglichkeit, Gleichgesinnte zu treffen. Miteinander zu trainieren, sich auszutauschen, sich mit gegenseitigen Tipps bei Schwierigkeiten zu helfen sind nur einige ausgewählte Punkte, die für einen Einstieg in das Rally-Obedience-Gruppentraining sprechen. Nicht zu vergessen sind die ermunternden oder tröstenden Kommentare, wenn einmal gar nichts klappt.

Natürlich wird auch großzügig Lob gespendet, wenn beispielsweise ein Team endlich die Linksdrehung um 360 Grad oder die Stehübung beherrscht. Und die Teams machen sich wechselweise Mut, vielleicht doch mal an einem Wettkampf teilzunehmen.

Rally-Obedience-Sportler sind anders. Es gibt viele Teams, die nach anfänglichem Zögern einmal die Luft und Atmosphäre eines Rally-Obedience-Turniers geschnuppert haben und dann das nächste Turnier kaum noch abwarten konnten.

Interessierte Teilnehmer als Zuschauer.
(Foto: Angelika Schröder)

WIE ALLES BEGINNT

Bevor Mensch und Hund loslegen, sollten beide als Team schon ein paar Dinge beherrschen. In diesem Kapitel wird erklärt, welche das sind, welche Voraussetzungen außerdem erfüllt sein sollten und welche Ausrüstung notwendig ist, um Rally Obedience als Hundesport betreiben zu können.

Das Team

Befolgt der Hund sicher die Grundkommandos wie „Sitz", „Platz", „Bleib" und „Komm", erleichtert das den Einstieg. Andere bestandene Prüfungen sind nicht notwendig, aber auch nicht hinderlich. Dass alle Hunde, auch solche mit körperlichen Einschränkungen, mitmachen und sogar an Turnieren teilnehmen können, wurde ja zuvor bereits erwähnt. Wichtig ist nur, dass der Hund keine Schmerzen hat und dass bei einer Turnierteilnahme der Richter rechtzeitig informiert ist, damit er den Parcours entsprechend anpassen kann. Der Mensch muss weder Leistungssportler noch Wissenschaftler sein, um einen Rally-Obedience-Parcours bewältigen zu können. Selbst eine Gehbehinderung oder ein Rollstuhl sind keine Hindernisse. Solange der Mensch sich vorwärtsbewegen und solange er (die Schilder) lesen kann, steht seinem Weg durch den Rally-Obedience-Parcours nichts entgegen.

Die Ausstattung

Um Rally Obedience trainieren zu können, sollte ein Set an *Übungsschildern* vorhanden sein, auf denen alle Übungen abgebildet sind. Das können die Schilder in Originalgröße sein, wie sie von den Websites der Rally-Obedience-Verbände heruntergeladen werden können. Es ist aber auch möglich, das Training mit den *Übungsbeschreibungen* zu beginnen, die weiter hinten im Buch zu finden sind.

Für den Hund ist die Auswahl des *Halsbandes* von Bedeutung. Selbstverständlich hat ein Stachel-, Würge- oder Drucklufthalsband im Rally Obedience nichts zu suchen. Ein flaches Halsband mit Schnalle oder Schnappverschluss ist angemessen, sogar ein handelsübliches Geschirr darf der Hund tragen. Kopfhalfter, Zug-Stopp-Halsbänder oder Anti-Zug-Geschirre sind dagegen ebenso wenig erlaubt wie Hundebekleidungen oder Dekorationen. Im Training ist für kälteempfindliche Hunde gegen einen Hundemantel natürlich nichts einzuwenden.

Die *Leine* sollte aus Baumwolle, Nylon oder Leder sein; Ausziehleinen oder Metallketten sind nicht gestattet.

Es ist sinnvoll, sich vor der ersten Trainingsstunde in einem Verein oder einer Trainingsgruppe neben anderen grundsätzlichen Dingen auch danach zu erkundigen, ob und welche Art von Belohnung für den Hund mitgebracht werden soll. Als *Futterbelohnung* sollte auf jeden Fall etwas anderes angeboten werden als das normale Trockenfutter. Erbsengroße Stückchen von Fleischwurst, Hartkäse, gekochtem Rinderherz, gekochten Geflügelherzen oder Geflügelmägen sind für die meisten Hunde ein Hochgenuss, für den sie gern alle die verrückten Dinge tun, die ihre Menschen im Rally Obedience von ihnen wollen. Schüsseln und *Wasser* sind möglicherweise auf dem Hundeplatz vorhanden, ansonsten sollten sie von zu Hause mitgebracht werden. Den Hunden soll in den Pausen unbedingt Trinkwasser zur Verfügung stehen.

Auch wenn das Training privat im eigenen Wohnzimmer, Hof oder Garten stattfinden soll, dürfen mehrere *Pylonen* (zu Hause ersatzweise auch große 1,5-Liter-Flaschen) bei der Ausrüstung nicht fehlen, die für einige der Bewegungsübungen gebraucht werden. Die Pylonen sollten mindestens 25 Zentimeter hoch sein.

Für die Sprünge, die in den fortgeschrittenen Klassen auszuführen sind, sollten höhenverstellbare *Hürden* vorhanden sein.

Ebenfalls notwendig sind *Futterschalen mit passenden Abdeckungen*, die in mehreren Übungen zum Einsatz kommen. Ebenfalls angebracht sind *Halter* für die Übungsschilder. Im praktischen Einsatz haben sich Stangen mit Klettband, Blumenkästen, Holzhalter, Metallplatten (ähnlich wie Kochbuchhalter) und A-Aufsteller aus Kunststoff äußerst bewährt. Welche Halter benutzt werden, hängt von der eigenen Vorliebe ab, und selbstverständlich spielt auch der Preis eine Rolle.

Allgemeine Trainingshinweise

An erster Stelle steht bei jedem Rally-Obedience-Training der Spaß, den beide Teampartner miteinander haben sollten. Alle Übungen werden dem Hund in möglichst kleinen Einzelschritten vermittelt, damit er von Anfang an alles richtig machen kann. In der Vorstellung des Hundes soll gar nicht erst ein falsches Bild der Übung entstehen. Das entsprechende Hörzeichen für die Übung lernt er erst später. Und natürlich darf sich der Hund über das begeisterte Lob seines Besitzers freuen, wenn die zusammengesetzte Übung schließlich klappt.

In den unteren Klassen im Rally Obedience darf der Hund an der Leine geführt werden, was den meisten Hundeführern von jungen Hunden die Sicherheit gibt, ihren Vierbeiner unter Kontrolle behalten zu können. Auch für ältere Hunde, die erstmalig in einer Ausbildungsgruppe trainieren, kann durch die Leine die Gefahr verhindert werden, dass die Tiere sich selbstständig machen und auf Entdeckertour gehen.

Das Locken mit Futter in der Hand ist eine weitere gängige Methode, den Hund zu führen. „Futter-Fuß" wird diese Arbeitsweise häufig genannt. Wie an einem Magneten hängt die Nase des Hundes an der Hand, in der sich das Futter befindet. Der Mensch kann den Hund wie mit einem Steuerknüppel lenken. Dass dieses Locken mit Futter wieder abgebaut werden muss, sollte

Leine, Halsband oder Geschirr, Spielzeug und Futter zur Belohnung, all das wird für das Training benötigt.

aber von Anfang an mitbedacht werden, denn durch diese Technik wird der Eindruck erweckt, der Hund habe bereits einen hohen Leistungsstand erreicht, obwohl er tatsächlich „nur" dem Futter nachgelaufen ist. Schon nach wenigen Trainingseinheiten sollte deshalb begonnen werden, vom Locken zum Belohnen überzugehen. Das bedeutet, die Hand mit dem Futter bewegt sich von der Nase des Hundes schrittweise aufwärts bis zur Hüfte des Menschen, dann bis zur Brust oder Schulter, bis schließlich auf das Futter in der Hand verzichtet werden kann und die Belohnung aus der Tasche heraus erfolgt.

Liesa führt Sally im „Futter-Fuß."

Das richtige Futter als Belohnung ist ein besonderes Thema: Es reicht auf keinen Fall, das alltägliche Trockenfutter zu benutzen. Je besser die Leistung des Hundes sein soll, desto attraktiver muss die Belohnung sein. Futtertuben mit Lachspaste, mit Leberwurst (beides gibt es fertig zu kaufen) oder mit Honigquark (vom Hundebesitzer selbst eingefüllt), aber auch gekochte, in kleine Stückchen geschnittene Putenherzen haben schon aus vielen gelangweilten, abgelenkten Hunden enthusiastische Rally-Obedience-Sportler gemacht.

Als Alternative zum Führen mit Futter kann auch der Hand-Touch eingesetzt werden. Dabei lernt der Hund im Vorfeld, mit seiner Nase die Hand des Menschen zu berühren und den Kontakt so lange zu halten, bis der Mensch das Kommando auflöst.

Was das häusliche Training angeht, sollten die Trainingseinheiten kurz und knackig gehalten werden. Gut geplante drei- bis fünfminütige Einheiten, höchstens zwei- bis dreimal am Tag, sind mehr als ausreichend und viel effektiver als ermüdende halbstündige oder noch längere Übungssequenzen, die den Hund je nach Ausbildungsstand und Auffassungsgabe überlasten können. Den Schluss sollte immer eine Übung bilden, die der Hund gut kann. Dann schließt er das Training mit einem großen Lob ab, ist begeistert und verknüpft dieses Gefühl in der Zukunft mit dem Training. Wir erziehen uns auf diese Weise einen Hund, der leidenschaftlich gern mit uns übt.

Grundsätzlich wird auf den folgenden Seiten die Ausdrucksweise verwendet: Der Hund soll gelobt und belohnt werden. Das Lob kann selbstverständlich mit einem Clicker erfolgen.

Alma hat gelernt, die Hand vor ihrem Gesicht mit der Schnauze zu berühren und den Kontakt zu halten.

Da aber nicht jeder Hundefreund gleichzeitig ein Clickerfreund ist, bleibt es dem persönlichen Geschmack überlassen, ob mit dem Clicker oder mit einem Lob- oder Markerwort gearbeitet wird.

Grundkommandos

Was sollte das Mensch-Hund-Team nun also können, bevor beide mit einem Rally-Obedience-Kurs oder dem regelmäßigen Training beginnen?

Der Hund sollte „im Grundgehorsam stehen", das heißt, er sollte die sogenannten Grundkommandos kennen. Dazu gehören „Sitz", „Platz", „Bleib" und dann noch „Hier" beziehungsweise „Komm".

Sitz

Das Sitzkommando lernen die meisten Hunde im Welpenalter als erstes Hörzeichen. Von den zahlreichen Wegen, dem Hund dieses Kommando beizubringen, seien hier zwei beschrieben:

Der Hund steht vor dem Menschen. Mit Futter in der Hand wird die Hand von der Nase des Hundes über seinen Kopf nach hinten und ein wenig nach unten geführt – der Hund wird sich setzen, um mit seiner Nase dem Futter folgen zu können. Sobald er sitzt, erhält er das Futter dann auch zur Belohnung. Steht der Hund neben dem Menschen, sieht die Armbewegung aus, als würde mit der linken Hand eine Handbremse angezogen. Zu Beginn gibt es dazu noch kein Kommando. Erst dann, wenn der Hund beginnt, sich zügig hinzusetzen, sobald die Hand mit dem Futter über seinem Kopf erscheint, wird die Übung mit dem entsprechenden Hörzeichen kombiniert. Von Anfang an sollte sich der Hundeführer angewöhnen, das Hörzeichen nur ein einziges Mal zu geben. (Das ist übrigens der schwierigste Teil in allen Übungen.) Nach ein paar Tagen kann dazu übergegangen werden, zuerst das Hörzeichen zu geben und danach die Hand mit dem Futter über den Kopf zu halten. Es wird nicht lange dauern und der Hund befolgt das Hörzeichen. Für den Hund ist es dabei eine große Erleichterung, wenn immer das gleiche Hörzeichen benutzt wird und nicht einmal „Sitz", einmal „Setz dich", einmal „Hinsetzen", einmal „Ich habe gesagt, du sollst dich setzen" und so weiter. Das überfordert den intelligentesten Hund. Man stelle sich vor, ein Mensch kommt nach China, kann die Sprache nicht, und die Menschen benutzen für die gleiche Sache immer wieder andere Wörter. So kann niemand lernen.

Eine weitere Methode sei noch erwähnt: Der Hundeführer geht auf den stehenden Hund zu und tritt ganz dicht an ihn heran. Dabei hat er die ganze Hand, eventuell noch mit ausgestrecktem Zeigefinger, hoch in die Luft erhoben. Viele Hunde setzen sich dann schon ohne weitere Aufforderung hin.

Selbstverständlich wird der Hund nicht, solange er lebt, für jedes ausgeführte Sitz mit

Liesa hält ein Wurststückchen mit dem Daumen an die Handfläche, so folgt Sally der Hand in die Platz-Position.

Futter belohnt. Irgendwann hat er die Aufgabe gelernt, ist damit der Grundstufe entwachsen und wird in die nächste Stufe versetzt. Das bedeutet, das Füttern wird abgebaut. Für einfachste Übungen, die selbstverständlich geworden sind, sollte er dann nur noch sehr selten Futter bekommen, zum Beispiel wenn die Übung besonders schnell oder perfekt ausgeführt wurde. Der Futterabbau ist für viele Hundebesitzer ein sehr schwieriges und heikles Projekt, bei dem sie dauerhafte Ermutigung und Unterstützung von ihrem Trainer oder von anderen Hundebesitzern benötigen, um durchzuhalten.

Platz

Das zweite, wirklich sehr nützliche Grundkommando ist das Platz. Der Hundeführer nimmt Futter in die Hand, hält es mit dem Daumen (!) fest und dreht die Handfläche nach unten. Nun hält er dem sitzenden oder stehenden Hund die Hand mit der nach unten gerichteten Handfläche vor die Nase und senkt sie dann immer weiter nach unten bis auf den Boden. Die meisten Hunde folgen der Hand, weil sie versuchen, an das Futter heranzukommen, und landen schließlich auf dem Bauch. Das ist der Moment, in dem der Hundeführer die Hand leicht anhebt, das Futter loslässt und den Hund mit dem Futter belohnt. Gleichzeitig ist bei dieser Methode schon das Handzeichen mit eingebaut, das später für das Platzkommando verwendet wird, nämlich die nach unten gerichtete Handfläche.

Sollte der Hund auf diese Methode gar nicht einsteigen, dann klappt vielleicht eine etwas sportlichere. Der Hundeführer setzt sich zu ihm auf den Boden und winkelt die Beine an. In einer Hand ist Futter. Diese steckt er unter den Beinen durch in Richtung Hund und lockt ihn, unter den Beinen durchzukrabbeln, indem er die Hand langsam wieder zurückzieht. In dem Moment, wenn der Hund auf dem Bauch liegt, erhält er das Futter als Belohnung. Die gleiche Idee lässt sich auch im Knien durchführen: Der Hundeführer kniet, streckt aber ein Bein gerade nach vorn. Unter diesem Bein wird der Hund nun auf die eben beschriebene Weise durchgelockt. Entscheidend ist, den Hund in genau dem Moment zu belohnen, in dem er auf dem Bauch liegt.

Zu welcher Methode sich der Hundeführer letztendlich entschließt, bleibt der eigenen Vorliebe überlassen. Unsere Hunde haben das Platzkommando alle mit der nach unten gerichteten Handfläche gelernt. Andererseits spielt die Größe des Hundes sicherlich auch eine Rolle. Eine Dänische Dogge unter dem Bein durchzulocken ist schon eine etwas größere Herausforderung, als wenn es sich um einen Dackel handelt.

Auf keinen Fall aber sollte der Mensch das Platzkommando ausschließlich mit dem sitzenden Hund trainieren, weil der Hund sonst mit dem Kommando „Platz" auch die Reihenfolge 1. Sitz, 2. Platz verknüpft. Der Hund soll lernen, das Platzkommando auch aus der stehenden Position und später sogar aus der Bewegung auszuführen.

Hat der Hund die Übung verstanden und seine Belohnung erhalten, muss unbedingt das Kommando aufgelöst werden, beispielsweise durch ein „Okay" oder „Fertig", damit der Hund nicht ohne Erlaubnis die Position verlässt.

Bleib

Bleiben zu müssen, während der Mensch sich entfernt, ist für die Hunde ein echtes Problem. Im Alltag ist gerade dieses Kommando aber extrem wichtig, weil es in so vielen Situationen gebraucht wird, wie zum Beispiel vor dem Öffnen des Kofferraums, in dem der Hund die Autofahrt verbracht hat. Es wäre fatal, wenn der Hund sofort hinausspringt, bevor er angeleint ist, und möglicherweise vor ein anderes Auto läuft.

Wie schon bei den beiden ersten Kommandos setzt der Mensch seine Hand als Hilfe ein. Am besten beginnt er damit, wenn der Hund liegt. Mit ausgestrecktem Arm zeigt er dem Hund die Handfläche, am besten sind die Finger dabei weit gespreizt. Diese Geste wirkt sehr trennend. Dann entfernt er sich rückwärts ein bis zwei Schritte, kommt zurück und belohnt den Hund großzügig für die meisterliche Leistung zu bleiben. Im weiteren Verlauf wächst die Anzahl der Schritte, die der Mensch sich entfernt. Eine Variante für Fortgeschrittene ist es, sich seitlich zu entfernen, eine weitere, mit dem Rücken zum Hund wegzugehen. Dabei leistet ein kleiner Handspiegel gute Dienste, der wie ein Autorückspiegel benutzt wird und in dem der Mensch sehen kann, ob der Hund wirklich bleibt.

Hier/Komm

Als letztes Grundkommando soll das Hier oder Komm erklärt werden. Beide Kommandos fordern den Hund dazu auf, so schnell er nur kann zu seinem Menschen zu rennen. Beim Hier wird in der Regel erwartet, dass der Hund vor dem Menschen in den Vorsitz geht, sich also frontal vor ihn hinsetzt, das braucht er beim Komm nicht auszuführen.

Prinzipiell ist es eher ungünstig, den Hund zu rufen, wenn anschließend etwas passieren soll, das er nicht mag, wie zum Beispiel bürsten, Zecken entfernen oder Ohren reinigen. Der Hund soll von Anfang an lernen, dass es sich für ihn lohnt, auf Abruf zu seinem Menschen zu kommen. Er muss also die Erfahrung machen, dass etwas ausgesucht Schönes auf ihn wartet: besonders beliebtes Futter, ein absolutes Lieblingsspielzeug oder ein wildes Spiel mit seinem Menschen.

Dieses Training wird üblicherweise schon mit dem Welpen begonnen, wenn er seinen Namen lernen soll. Zu Hause, im Wohnzimmer oder im eingezäunten Garten, in vertrauter Umgebung ohne weitere Ablenkung, bleibt der Hund kurz sich selbst überlassen. Dann ruft der Mensch fröhlich einmal seinen Namen und „Komm“, hat zur Unterstützung das Lieblingsspielzeug des Hundes in der Hand, läuft auch noch ein kleines Stück rückwärts, geht dann in die Hocke und breitet die Arme aus. Der kleine Vierbeiner kommt in mindestens 90 von 100 Fällen mit fliegenden Ohren auf seinen Menschen zugerannt. Für das schnelle Herankommen verdient er natürlich überschwängliches Lob, Begeisterung und die beste Futterbelohnung. Diese Übung wird mehrmals am Tag trainiert, immer in bekanntem, eingegrenztem Raum ohne Ablenkung.

Der nächste Schritt ist die Verlegung des Trainings in einen ruhigen Park oder auf eine Wiese. Zur Sicherheit ist der Hund an der Schleppleine, kann also im Notfall unterstützt werden, wenn er sich zu lange Zeit lässt. Erst wenn er auch hier das Kommkommando sicher befolgt, wird die Schwierigkeit erhöht und die Übungen finden unter noch stärkerer Ablenkung an belebteren Plätzen statt.

Sabine hat Spencer das Hörzeichen „Bleib" gegeben und zeigt ihm als unterstützendes Sichtzeichen die flache Hand. (Foto: Angelika Schröder)

Hund
links rum
vorwärts
B-007
Nach
links
Links
kehrt
2-206
Halt
1-116
B-001
Halt
2-220
und
Halt
2-218
90°
rechts
Halt
Halt
zur
rechts
B-012
2-204
1-112
1-103
B-002
Halt

DIE ÜBUNGSSTATIONEN

Um die Beschreibung der Übungsstationen zu verdeutlichen, werden hier die Schilder gezeigt, wie sie in Deutschland im VDH verwendet werden. Die Schilder in Österreich und in der Schweiz sind entweder identisch oder nur minimal unterschiedlich. Da aber in den Ländern die Zuordnung der Schilder zu den verschiedenen Klassen voneinander abweicht, sind die Schilder im Folgenden nicht nach Klassen, sondern nach anderen Kriterien geordnet, zum Beispiel ob die Übungen auf der Stelle ausgeführt werden, ob es Richtungsänderungen sind, Figuren oder Ähnliches.

Die nummerierten Übungsschilder sind in einem Turnier als Parcours aufgestellt. Nachdem der Richter den Parcours freigegeben hat, ist der Hundeführer auf sich gestellt. Der Richter gibt keine weiteren Hilfen. Idealerweise leiten die Schilder das Team in der richtigen Reihenfolge durch den Parcours. Auf den Schildern finden sich sowohl visuelle als auch schriftliche Hinweise darauf, welche Übung ausgeführt werden soll. Anfangs hat der Hundeführer das Gefühl, mindestens fünf Dinge gleichzeitig tun zu müssen, aber diese Phase geht schnell vorbei. Die freudige Zusammenarbeit mit dem Teampartner Hund, das Lob und die Begeisterung für eine gut ausgeführte Übung sind im Rally Obedience wichtiger als höchste Präzision, wie sie im traditionellen Obedience erwartet wird.

Die Schilder sind in der Regel rechts vom Laufweg des Teams aufgestellt. Auf Ausnahmen bei der Position des Schildes, wie beispielsweise bei Richtungsänderungen oder bei bestimmten Laufübungen, wird gesondert hingewiesen.

Zwei Bezeichnungen sollen noch vorweg geklärt werden:

Grundstellung heißt, dass der Hund an der linken Seite des Menschen sitzt, parallel zu dessen Blickrichtung, die Schulter in etwa auf Beinhöhe des Menschen.

Im Vorsitz sitzt der Hund sehr dicht gerade vor dem Menschen. Der Mensch darf dabei (muss nicht) die Füße schulterbreit auseinanderstellen. Der Hund soll eindeutig vor und nicht unter dem Menschen sitzen.

Start und Ziel

Eine perfekte Grundstellung.

Das sind die beiden Schilder, mit denen jeder Parcours beginnt beziehungsweise endet. Nachdem der Richter oder Trainer den Parcours freigegeben hat, kann das Team starten. Eine Grundstellung vor dem Startschild ist nicht notwendig. Der Hund soll in Fußposition neben dem Menschen die Startlinie überqueren. Das heißt, der Hund läuft an der linken Seite des Menschen, seine Schulter befindet sich dabei idealerweise auf gleicher Höhe mit dem Bein des Menschen.

Sobald das Team die (gedachte) Startlinie überschreitet, läuft die Zeit. Umgekehrt endet die Zeit in dem Moment, in dem die Ziellinie überschritten wird. Danach darf der Hund großzügig gefüttert, gelobt, gestreichelt und auch durch Spielen belohnt werden.

Übungen für Einsteiger

Die folgenden Übungen sind die Aufgaben, mit denen ein Team beginnt. Viele Hunde haben sie teilweise schon im Welpenalter erlernt und erleben so einen entspannten Einstieg in Rally Obedience als Hundesport.

Zwei Gruppen dieser ersten Übungen können als Basisübungen bezeichnet werden: die stationären Übungen und die Drehungen auf der Stelle aus der Beginner-Klasse und der Klasse 1. Es handelt sich dabei um die Grundlagen, auf denen alle anderen Übungen aufbauen.

Stationäre Übungen

Als stationär werden Übungen bezeichnet, die mit Sitz, Platz oder Steh enden, an deren Schluss der Hund beziehungsweise das Team also zum Anhalten kommt.

Halt

Das Halt auf einem Übungsschild bedeutet immer, der Hund soll sich in Grundstellung setzen. Mit dem Hund bei Fuß hält der Mensch links vom Schild an und fordert den Hund auf, sich zu setzen. Ist es der Hund so gewöhnt, darf er dies auch von selbst tun. Der Hundeführer kann ihn aber mit Hör- und/oder Sichtzeichen auffordern und aktiv darin unterstützen, eine parallele Sitzposition einzunehmen.

Es sollte von Anfang an vermieden werden, dass der Hund Fehler macht. Darum sollte die Führhand des Menschen gerade beim Erlernen dieser Übung Hilfestellung leisten und den Hund in die gewünschte, korrekte Position führen.

Halt – Platz

Durch den hier gezeigten Positionswechsel kann der Mensch den Hund bei der Übung „Halt – Platz" unterstützen.

Wie bei der vorigen Übung hält das Team links vom Schild an, und der Hund setzt sich in Grundstellung. Der Hundeführer fordert den Hund mit Hör- und/oder Sichtzeichen auf, sich hinzulegen. Manche Hunde tendieren dazu, sich schräg vor den Menschen zu legen, was aber nicht richtig ist. Der Mensch darf bei dieser Übung seine Position verändern, um dem Hund die Ausführung des Kommandos zu erleichtern. Er macht einfach einen Schritt nach vorn, dreht sich dabei gleichzeitig nach links zum Hund und stellt den rechten Fuß auf den Boden. So bildet er mit seinem Körper eine Grenze, die der Hund beim Hinlegen nicht überschreiten kann – der Hund liegt gerade.

Anschließend stellt sich der Hundeführer wieder zurück neben den liegenden Hund. Vor dem gemeinsamen Weitergehen darf sich der Hund nicht setzen.

Halt – Platz – Sitz

Diese Übung ist eine Ergänzung der vorherigen. Wieder hält das Team links vom Schild an, der Hund setzt sich in Grundstellung, der Hundeführer gibt das Platzkommando und hilft dem Hund, falls notwendig, sich korrekt parallel zum Laufweg hinzulegen. Danach stellt sich der Hundeführer neben den liegenden Hund. Ab jetzt darf er die Position seiner Füße nicht mehr verändern. Der Hund erhält nun das Kommando, wieder in die Sitzposition zu kommen.

Das fällt manchen Hunden schwer. Sie haben das Sitzkommando als eine Bewegung aus dem Stand hinunter ins Sitz gelernt und verknüpft. Der Mensch sollte in solchen Fällen helfen und den Hund mit Futter in der Hand in die gewünschte Position (Grundstellung) lenken. Erst nachdem der Hund sitzt, geht das Team bei Fuß zur nächsten Station.

Halt – Um Hund herum

Das Team hält links vom Schild an, und der Hund setzt sich entweder selbstständig oder auf Ansage des Menschen in Grundstellung. Jetzt soll der Hundeführer links um den Hund herumgehen, der Hund soll die gesamte Zeit sitzen bleiben und nicht aufstehen oder seine Position anderweitig verändern. Der Hund darf zur Unterstützung ein Bleib- oder Warte-Signal erhalten. Nachdem der Hundeführer seine Runde um den sitzenden Hund beendet hat, nimmt er wieder die Grundstellung ein. Er hält in der Grundstellung kurz an und gibt dem Hund das Hörzeichen, bei Fuß zu gehen. Das Team geht zur nächsten Übungsstation.

Für viele Hunde ist diese Übung eine große Herausforderung. Sie sind es gewohnt, ihren Menschen nicht nur mit Blicken zu verfolgen, sondern ihm zu folgen, wenn er sich entfernt. Das dürfen sie hier aber nicht. Zum Bestehen der Übung muss der Hund sitzen bleiben, während der Mensch um ihn herumgeht. Wie wird das trainiert?

Bei der ersten Trainingsvariante wird, wie schon so oft, mit Futter begonnen. Der Mensch hält dem Hund die Handfläche mit einem kleinen Futterstückchen vor die Nase. Das Futter wird mit dem Daumen festgehalten. Diese Position wird aufrechterhalten, während der Mensch – mit lang ausgestrecktem Arm – den Hund umkreist. Erst wenn er wieder in der Ausgangsposition angekommen ist, bekommt der Hund das Futter zu fressen.

Das nächste Ziel ist, die Unterstützung mit Futter während des Umkreisens abzubauen und erst danach mit Futter zu belohnen. Das kann zum Beispiel durch Kombination mit dem Bleibkommando erreicht werden. Und das führt auch gleich zur zweiten Trainingsmethode: Der Mensch gibt dem Hund zusätzlich zum Sitzkommando ein Bleibkommando. Dann geht er zu Anfang nur vor dem Hund hin und her, bevor er rückwärts wieder in seine Ausgangsposition geht und den Hund dort belohnt.

Bleibt der Hund im Sitz, folgt der nächste Trainingsschritt. Nach dem Doppelkommando „Sitz" – „Bleib" geht der Mensch nur einen Viertelkreis um den Hund, danach geht er rückwärts wieder in die Ausgangsposition, füttert und lobt. Dann folgt ein Halbkreis bis hinter den Hund und wiederum rückwärts zurück bis in die Ausgangsstellung, in der der Hundeführer den Hund ausgiebig dafür belohnt, dass er sitzen geblieben ist. Schließlich kann der Hund komplett umkreist werden, ohne dass er aufsteht. Spätestens jetzt ist eine große Party für den Hund

Naira erhält ein Bleib-Handzeichen.

An der Handhaltung erkennt die Hündin, dass sie bleiben soll ...

... während Karin mit ausreichendem Abstand um sie herum geht.

fällig, ein Futterjackpot zur Belohnung muss es schon sein. Und wenn der Mensch fröhlich und begeistert seiner Freude Ausdruck verleiht, dann ist es für den Hund genau das, was er braucht, um die Übung gern auszuführen.

Ob beim Erlernen der Übung mit oder ohne Futter trainiert wird, ist sicherlich abhängig von dem jeweiligen Team und seinen Vorlieben.

Halt – Platz – Um Hund herum

Die Übung beginnt wie die vorherige, aber vor dem Umkreisen des Hundes ist noch ein Platz gefordert. Nachdem das Team links vom Schild angehalten und der Hund sich in Grundstellung gesetzt hat, gibt der Hundeführer dem Hund den Auftrag, sich hinzulegen. Der Hundeführer darf dabei seine Position verändern, um dem Hund in die korrekte Liegeposition zu helfen. Wenn der Hund liegt, stellt der Hundeführer sich wieder neben ihn. Der Hund bekommt zur Unterstützung ein Bleib- beziehungsweise Warte-Signal, dann geht der Mensch links um den liegenden Hund herum und stellt sich abschließend wieder neben ihn. Dort hält er kurz an und fordert den Hund dann auf, aus der Platzposition bei Fuß zur nächsten Übungsstation mitzukommen.

Zum Bestehen der Übung muss der Hund beim Umkreisen liegen bleiben.

Halt – 1, 2, 3 Schritte vorwärts

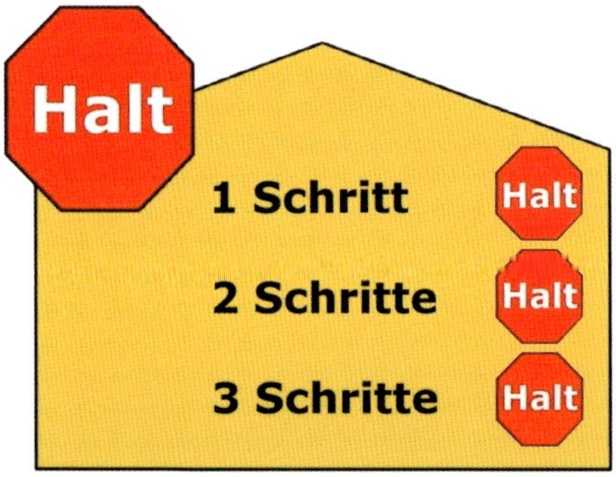

Diese Übung ist eigentlich nichts anderes als eine Variante der Übung Halt. Das Halt wird hier mehrfach ausgeführt. Links vom Übungsschild hält der Hundeführer erst einmal an, und der Hund setzt sich in Grundstellung daneben. Nun fordert der Mensch den Hund mit dem Kommando „Fuß" auf, mitzukommen, geht einen Schritt vorwärts, bleibt wieder stehen, schließt die Füße und gibt dem Hund den Auftrag, sich zu setzen. Ist das geschehen, bekommt der Hund erneut das Kommando „Fuß", der Mensch geht zwei Schritte vorwärts, bleibt stehen, schließt die Füße, und der Hund setzt sich in Grundstellung neben ihn. Schließlich gehen die beiden in gleicher Weise drei Schritte vorwärts, halten wieder an, der Mensch bleibt stehen, der Hund sitzt.

In dieser Übung soll der Hund dreimal ein schönes, gerades Sitz zeigen, und genau das ist die Aufgabe, bei der ihm der Mensch helfen kann, indem er ihn mit der Hand leitet und führt. Es ist viel besser, von Anfang an durch zahlreiche Hilfen dafür zu sorgen, dass der Hund keine Fehler macht und sich die Ausführung der Übung korrekt einprägt. Er erhält dann häufiger Lob und außerdem sieht er, dass sein Mensch sich freut und stolz auf ihn ist. Das verknüpft er speziell mit der Übung und allgemein mit Rally Obedience als Hundesport – so haben wir schon bald einen begeisterten Rally-Obedience-Hund!

Anhalten – Platz

Das Team hält links vom Übungsschild an. Der Hundeführer gibt seinem Hund das Signal, sofort, ohne zuvor gesessen zu haben, die Platzposition einzunehmen. Es ist erlaubt, dass sich der Mensch dabei seinem Hund zuwendet und das gesprochene Hörzeichen (falls nötig) mit einem Handzeichen begleitet und unterstützt. Anschließend nimmt der Mensch wieder seine Position neben dem Hund ein und gibt ihm dann das Hörzeichen dafür, gemeinsam bei Fuß zur nächsten Übungsstation zu laufen.

Der Unterschied zwischen dieser Übung und der bereits beschriebenen Halt-Platz-Übung besteht darin, dass der Hund sich nach dem Anhalten direkt hinlegen soll und nicht ein Sitz dazwischenschaltet. Gleiches gilt für den Schluss der Übung. Der Hund soll aus der Platzposition heraus direkt zum Stehen kommen und seinem Menschen bei Fuß folgen. Das ist für das Team anfangs zwar etwas ungewohnt, nach ein paar Wiederholungen sollte die Ausführung dieser Übung aber keine Schwierigkeit mehr darstellen.

Aus dem Gehen heraus erfolgt das Handzeichen für Platz, und Pira beginnt, sich hinzulegen.

Sabine hat sich wieder aufgerichtet, während Pira liegen bleibt.

Erste Richtungsänderungen

Alle Übungsschilder, die Richtungsänderungen anzeigen, findet der Hundeführer nicht an seiner rechten Seite, sondern direkt vor sich in seinem Laufweg als Zeichen dafür, dass eine Richtungsänderung bevorsteht. Daran ist auch zu erkennen, an welcher Stelle die folgende Übung auszuführen ist, nämlich vor dem Übungsschild und nicht, wie bei den Basisübungen, links daneben.

Nach rechts

Diese Übung ist eine der beiden einfachsten Richtungsänderungen im Rally Obedience. Der Mensch geht mit dem Hund bei Fuß auf das Schild zu. Direkt vor dem Übungsschild biegen beide möglichst rechtwinklig (eckig) nach rechts ab und gehen weiter, ohne anzuhalten.

Von Bedeutung ist, den Hund rechtzeitig vor der Richtungsänderung darüber zu informieren. Es macht keinen Sinn, wenn mein Navigationsgerät im Auto mir mitten auf der Kreuzung sagt, dass ich rechts abbiegen soll. Das ist zu spät. Diese Information brauche ich einige Meter zuvor. Entsprechend ist es unumgänglich, den Hund rechtzeitig auf die bevorstehende Änderung des Laufweges beziehungsweise auf die kommende Situation vorzubereiten und nicht erst in dem Moment, wo die Übung zu zeigen ist. „Aufpassen!" oder „Pass auf!", gepaart mit der entsprechenden Spannung in der Stimme, bewirken, dass der Hund ganz aufmerksam wird und die Richtungsänderung tatsächlich gleichzeitig mit dem Menschen ausführen kann.

Wenn ein Team beginnt, diese Übung zu erlernen, kann als unterstützendes Hilfsmittel eine in den Boden gesteckte Stange benutzt werden, um die beide eng herumgehen. Dadurch wird die Drehung genau und (hoffentlich) schön eng.

Füße, Schultern und auch der Kopf des Hundeführers sind für den Hund Anzeiger für die Wendung nach rechts. Wenn also der Mensch vor der Drehung den Oberkörper weg vom Hund nach rechts dreht, kündigt er damit die bevorstehende Richtungsänderung an. Dem Hund fällt es leichter, die Wendung mitzulaufen.

Zu berücksichtigen ist, dass der Hund bei dieser Wendung einen etwas größeren Radius laufen muss als der Mensch. Darum ist es ein Zeichen der Rücksichtnahme auf den Hund, wenn der Mensch in der Wendung kleinere Schritte macht.

Nach links

Für die Drehung nach links gilt alles entsprechend, was auch für die Drehung nach rechts gesagt wurde. Der Hund sollte rechtzeitig an-

Mit dem linken Fuß leitet Karin die Bewegung nach links ein, Naira folgt ihr (Foto: Angelika Schröder).

gesprochen und darauf aufmerksam gemacht werden, dass gleich etwas passieren wird. Mensch und Hund gehen (Hund bei Fuß) auf das Übungsschild zu, das sich im Laufweg des Teams befindet. Vor dem Schild biegen beide scharf nach links ab und setzen ihren Weg fort bis zur folgenden Übungsstation.

Auch hier kann eine in den Boden gesteckte Stange als Hilfsmittel dienen. Eine weitere Hilfe kann sein, wenn der Mensch schon im Anlauf auf das Übungsschild die Schultern und die Füße nach links zeigen lässt und dem Hund damit die neue Richtung angibt. Hunde orientieren sich sehr an Schulterhaltung und Fußhaltung ihrer Menschen; am besten man probiert aus, welches Signal dem betreffenden Hund am besten hilft.

Rechtskehrt

Bei der Rechtskehrt-Übung soll das Team eine 180-Grad-Wendung nach rechts ausführen, wobei ein kleiner Bogen durchaus erlaubt ist. Nach der Wendung geht das Team wie bei den vorherigen Übungen weiter bis zur nächsten Übungsstation.

So einfach diese Übung aussieht, hat sie doch ihre Tücken. Bei Rechtswendungen läuft der Mensch innen und der Hund außen. Der Laufweg des Hundes ist logischerweise länger als der des Menschen. Die hier lauernde Gefahr heißt: „Der Hund hängt nach", was bedeutet, der Mensch dreht sich schneller, als sein Teampartner Hund folgen kann oder will. Das Einfühlungs- und Beobachtungsvermögen des Menschen ist gefordert. Er muss seine Geschwindigkeit bei der Drehung dem Hund so anpassen, dass es synchron aussieht, wie aus einem Guss. Der Mensch kann beispielsweise kleine Trippelschrittchen machen, während der Hund normale Schrittlänge zeigt, dann können beide die Rechtswendung im gleichen Tempo laufen. Zusätzlich kann und darf der Mensch seinen Hund mit aufmunternden Worten unterstützen und anfeuern, damit beide Geschwindigkeiten letztendlich zusammenpassen und das Team die Drehung gleichzeitig beendet.

Linkskehrt

Das Linkskehrt ist das Spiegelbild der vorherigen Übung. Das Team läuft auf das Schild zu. Vor dem Schild führen beide eine enge 180-Grad-Wendung nach links aus. Auch hier ist wieder ein kleiner Bogen erlaubt. Nach der Wendung geht das Team weiter zum nächsten Übungsschild.

Die Ausführung dieser Übung sollte durch eine deutliche Körpersprache des Hundeführers begleitet werden, wenn er nicht in den Hund hineinlaufen oder über ihn stolpern will.

Normalerweise hat der Hund seinen Kopf leicht nach rechts gedreht, weil dort der Mensch läuft und der Hund ihn anschaut. Nun soll er aber nach links wenden, was bedeutet, dass er auch seinen Kopf nach links drehen soll, während die Vorderbeine einen möglichst kleinen Linksbogen laufen und die Hinterbeine eher rückwärtsgehen, damit der Bogen nicht zu groß wird. Das kann durch unterschiedliche Führtechniken erreicht werden.

Der Mensch hält seinem Hund die Handfläche mit einem Futterstückchen vor die Nase und dreht dann seinen Handrücken nach links außen. Der Kopf des Hundes wird sich nach links mitdrehen. Das ist der erste Schritt, auf dem die anschließenden aufbauen. Indem sich die menschliche Hand weiterdreht, folgt der Hund der Hand mit dem verlockenden Futter – er macht eine Linkswendung.

Eine zweite Variante beginnt schon einige Schritte vor dem Übungsschild. Der Hundeführer dreht, während er auf die Übungsstation zugeht, seine Schultern und seine Füße nach links ein, in Richtung des Hundes. Damit kündigt er körpersprachlich an, dass eine Richtungsänderung erfolgen wird. Der Hund ist auf die Drehung vorbereitet und kann die Richtungsänderung leichter annehmen.

Obwohl der Pfeil auf dem Schild für die Übung „270 Grad rechts" nach links zeigt, dreht sich das Team rechtsherum.

Die Drehung geht weiter, Pongo bleibt eng am Bein.

Mit der letzten Vierteldrehung ist die Übung beendet.

270 Grad rechts

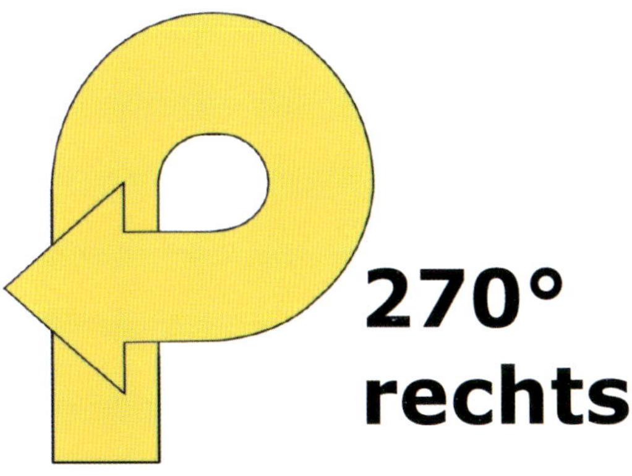

Mensch und Hund machen vor diesem Schild gemeinsam eine 270-Grad-Drehung nach rechts. Der Mensch soll die Drehung auf der Stelle ausführen, wobei eine leichte Fußbewegung vorwärts in Form eines Minikreises erlaubt ist. Der Hund läuft dabei außen. Je kleiner also der Kreis des Menschen ist, je genauer er sich auf der Stelle dreht, desto leichter kann der Hund der Bewegung folgen.

Dieses Übungsschild wirkt auf viele Hundeführer verwirrend. Einerseits steht auf dem Schild 270 Grad rechts, andererseits muss das Team letztendlich aber nach links abbiegen. Als hilfreicher Tipp für Anfänger hat sich in diesem Zusammenhang ergeben, den Text besser nicht zu lesen, sondern nur der Laufrichtung des Pfeils zu folgen.

270 Grad links

Entsprechend der Rechtsdrehung in der vorherigen Übung führen Mensch und Hund hier eine gemeinsame Linksdrehung um 270 Grad vor dem Schild aus und biegen dadurch von ihrer ursprünglichen Laufrichtung aus gesehen nach rechts ab. Der Hundeführer soll seine Drehung auf der Stelle ausführen, wieder darf er dabei nur einen möglichst kleinen Kreis gehen.

Als erlaubte Hilfe für den Hund können auf dem Weg zur Übungsstation wieder die Füße und der Oberkörper des Menschen nach links zum Hund eingedreht sein, um ihm so die Richtung anzuzeigen, in die gedreht wird. Bewegt sich der Hund bei dieser Drehung leicht rückwärts, um die Fußposition zu halten, dann ist das erwünscht und richtig. Ansonsten kommen die Trainingshinweise zur Übung „Linkskehrt" zur Anwendung.

Kehrtwendung

Deutlich zu sehen ist hier die Rückwärtsbewegung des Hundes in der Drehung.

Die Kehrtwendung, wie sie hier gezeigt werden soll, entspricht der als „alte deutsche Kehrtwendung" bekannten Übung. Das Team läuft auf das Schild zu. Direkt vor dem Übungsschild macht der Hundeführer eine enge 180-Grad-Wendung nach links. Während der Mensch sich nach links, also auf den Hund zu dreht, läuft der Hund hinter dem Rücken des Menschen eine 180-Grad-Wendung nach rechts. Am Ende ist er wieder auf der linken Seite des Menschen in Fußposition angekommen und läuft gemeinsam mit ihm zur folgenden Übungsstation.

01: Bei der Kehrtwendung wird die Leine vor dem Körper von links nach rechts gewechselt.

02: Hinter dem Körper wechselt nicht nur die Leine wieder von der rechten in die linke Hand, auch Lando läuft zur anderen Seite.

03: Ohne anzuhalten laufen beide zurück in die Richtung, aus der sie gekommen sind.

Diese Übung ist für Anfänger eine echte Herausforderung, insbesondere dann, wenn sie mit Leine ausgeführt wird. Der Mensch läuft mit dem Hund bei Fuß und hält die Leine in der linken Hand. Unmittelbar bevor er in die Wendung geht, wechselt er die Leine in die rechte Hand und beginnt, sich zum Hund hin zu drehen. Während der Hund hinter ihm die Rechtswendung läuft, wechselt der Mensch hinter seinem Rücken die Leine wieder in die linke Hand.

Das alles klingt ziemlich kompliziert. Hundesportanfänger sind gut beraten, diese Übung zuerst ohne ihren Hund zu trainieren. Sie sollten sich ein Kissen oder ein Plüschtier an die Leine binden und den Bewegungsablauf damit so lange üben, bis er klappt. Oder ein anderer Hundefreund übernimmt die Rolle des Hundes und läuft an der Leine. Diese Vorübungen sind nicht nur extrem nützlich und lehrreich, sie machen auch allen Beteiligten eine Menge Spaß. Erst wenn die Drehung mit Wechsel der Leine ohne Hund problemlos klappt, sollten Hundeführer versuchen, die Übung mit ihrem Hund zu laufen.

Der Schluss der Übung klappt besser, wenn der Mensch nicht wartet, bis der Hund neben ihm angekommen ist (und sich möglicherweise unerlaubt setzt), sondern schon in eine leichte Vorwärtsbewegung geht, um zur nächsten Station zu laufen.

Aus der Bewegung Schritt zur Seite rechts

Das Team geht auf das Schild zu, der Hund läuft bei Fuß. Vor dem Schild macht der Mensch aus der Bewegung heraus mit dem rechten Fuß einen Schritt nach rechts, setzt dann den linken Fuß wieder gerade vorwärts in Laufrichtung und geht an der rechten Seite der Übungsstation vorbei. Auch diese Übung zählt zu den Richtungsänderungen und ist demzufolge vor dem Übungsschild auszuführen.

Die Schwierigkeit bei dieser Übung besteht für den Hund darin, dass der Mensch den ersten Schritt mit dem rechten Fuß machen muss. Weil der Hund an der linken Seite läuft, spürt er diesen Schritt nicht so gut wie einen Schritt mit dem linken Fuß und läuft Gefahr, weiter geradeaus oder sogar links an der Übungsstation vorbeizulaufen. Der Hundeführer sollte seinen Hund darum durch Ansprechen rechtzeitig darauf aufmerksam machen, dass gleich etwas passieren wird. Unterstützend kann er mit der Hand auf sein linkes Bein klopfen, um den Hund daran zu erinnern, dass er dicht bei Fuß bleiben soll.

Vorsitzübungen

Vorsitzübungen sind im Hundesport ein ganz grundlegender Bestandteil der Ausbildung. Nicht jeder Hund mag jedoch frontal und so dicht an seinen Hundeführer herankommen, wie diese Übung es verlangt. Darum ist ein Übungsaufbau mit besonders viel positiver Verstärkung notwendig.

01: Gemeinsam geht das Team auf die Übungsstation zu.

02: Ein großer Schritt zur Seite nach rechts.

03: Der Hund schließt auf und ...

04: ... es geht rechts am Schild vorbei zur nächsten Station.

01

02

03

04

01

02

03

04

Vorsitz

Der Hundeführer steht. Nun ruft er seinen Hund zu sich und fordert ihn auf, sich ihm gerade und möglichst dicht vor die Füße zu setzen. Der Hundeführer darf seine Füße dabei auch schulterbreit auseinanderstellen, um dem Hund so einen dichteren Vorsitz zu ermöglichen. Die Pfoten des Hundes dürfen dabei allerdings höchstens bis zu den Beinen des Menschen reichen. Weder die Pfoten noch die Nase des Hundes sollen hinter den Beinen des Hundeführers herausschauen.

Im Rally Obedience braucht die Vorsitzübung noch eine kleine zusätzliche Vorbereitung, denn Mensch und Hund laufen ja nebeneinander. Der Mensch fordert also seinen Hund zum Vorsitz auf. Der Hund wird sich dem Menschen zuwenden, dieser geht aber gleichzeitig bis zu höchstens vier Schritte rückwärts und verhilft dem Hund so zu einem geraden „Einparken". Dabei darf der Mensch sich nicht zur Seite bewegen, um eine möglicherweise schiefe Position des Hundes auszugleichen, sondern er muss in gerader Linie rückwärtsgehen.

Es klingt so einfach, aber es ist nicht selbstverständlich, dass der Hund sich schön dicht und gerade an der gewünschten Stelle hinsetzt.

Hinderlich ist es, wenn der Mensch sich, wie es so oft geschieht, mit dem Oberkörper über seinen Hund beugt und ihn in dieser Haltung auffordert, sich zu setzen. Der Hund fühlt sich dadurch bedroht und weicht aus.

Um zu helfen, kann der Mensch dem Hund beim Rückwärtsgehen beide Hände entgegenstrecken, nötigenfalls hält er sogar Futter darin. Dann zieht er die Hände nach hinten in Richtung seines Körpers, als zöge er den Hund an unsichtbaren Fäden zu sich heran.

Um die Sitzbewegung des Hundes auch körpersprachlich zu untermauern, sollte der Mensch die Hände anschließend ein wenig nach oben ziehen, sich ganz gerade aufrichten und sogar ein wenig nach hinten lehnen. Das gibt dem Hund Raum, in dem er sich setzen kann, und die Aufwärtsbewegung der Hände und des gesamten Oberkörpers des Menschen begleiten ihn in ein gerades Sitz.

Alle Vorsitzübungen im Rally Obedience brauchen einen Abschluss, der dafür sorgt, dass der Hund wieder in die Grundstellung auf die linke Seite des Hundeführers gelangt. Diese Abschlüsse werden in den unterschiedlichen Ländern auf den jeweiligen Übungsschildern unterschiedlich dargestellt.

In Deutschland sind die Abschlüsse auf sogenannte Zusatzschildern zu finden, die sich mit jeder Vorsitzübung beliebig kombinieren lassen und die im Folgenden näher beschrieben werden.

01: Die Rückwärtsbewegung wird eingeleitet.

02: Die ausgestreckten Arme führen Kira in die richtige Position.

03: Das Heranziehen der Arme und das Aufrichten des Oberkörpers fordern auf zum Hinsetzen.

04: Der Vorsitz als Abschluss ist erreicht.

Pira geht aus dem Vorsitz rechts um Sabine herum.

Die Grundstellung ist der Abschluss der Übung.

Hund rechtsherum – Halt

Der Hund sitzt vor. Er bekommt nun den Auftrag, rechts im Uhrzeigersinn um den Menschen herumzulaufen und sich dann in der Grundstellung zu setzen.

Das selbstständige Einnehmen der Grundstellung durch den Hund, wie es hier beschrieben ist, kennt jeder Hundeführer, der schon an einem Begleithundekurs teilgenommen hat. Für das Erlernen der Übung sollen hier zwei fast gleiche Methoden beschrieben werden. Jeder sollte selbst ausprobieren, mit welcher Technik er besser zurechtkommt.

Um dem Hund den Weg zu zeigen, den er laufen soll, nimmt der Mensch am besten Futter in beide Hände. Die rechte Hand führt er zur Nase des Hundes und zieht ihn damit aus der Sitzposition hoch an seine rechte Seite und dann bis hinter den Rücken. Dort wechselt er die Hand. Jetzt führt er hinter seinem Rücken die linke Hand zur Nase des Hundes und zieht ihn damit so weit nach vorn an seine linke Seite, bis der Hund sich in Grundstellung setzen kann.

Alternativ hält der Mensch das Futter nur in der rechten Hand, zieht den Hund damit bis hinter seinen Rücken, wechselt dort das Futter in die linke Hand und beendet die Übung wie beschrieben.

Hund linksherum – Halt

Im Vorsitz erhält der Hund das Kommando, direkt an die linke Seite des Hundeführers in die Grundstellung zu gehen und sich dort zu setzen.

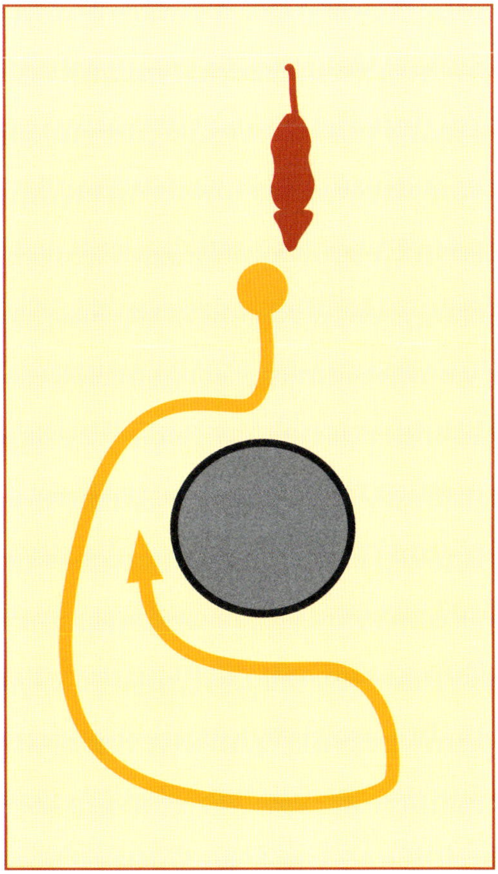

Der Weg des Hundes aus dem Vorsitz nach links in die Grundstellung.

Auch hier kann der Mensch mit Futter in der linken Hand den Hund in die gewünschte Position führen. Er hält ihm das Futter mit der nach oben gerichteten Handfläche unter die Nase und beschreibt mit dem linken Arm einen großzügigen Kreis bis hinter seinen Rücken. Der Hund folgt der Hand nach hinten. Dort dreht der Mensch die Hand, um den Hund damit anschließend wieder nach vorn zu ziehen und in die Grundposition zu bringen.

Manche Hunde bieten von sich aus eine andere Variante an: Sie „klappen" direkt an den Menschen heran. Die Vorderbeine bewegen sich kaum, nur die Hinterbeine schwenken herum und bringen den Hund in die gewünschte Position. Auch diese Ausführungsweise ist erlaubt.

Hund rechtsherum – Vorwärts

Der Hund ist im Vorsitz. Er erhält das Kommando, rechts um den Menschen herumzulaufen. Wenn er an der linken Seite des Menschen angekommen ist, gehen beide sofort weiter, ohne dass der Hund sich setzt.

Hier kann der Mensch verhindern, dass der Hund sich setzt, indem er sofort losgeht, wenn der Hund an seinem linken Bein angekommen ist.

Der Vorsitz ist die Ausgangsposition für die Übung „Hund linksherum – Vorwärts".

... und dreht sich weiter linksherum, bis sie die gewünschte Laufrichtung hat.

Cleo folgt der Führhand im Bogen nach hinten …

Am Ende läuft Cleo in Fußposition weiter.

Hund linksherum – Vorwärts

Der Hund erhält den Auftrag, aus dem Vorsitz direkt auf die linke Seite des Hundeführers in die Grundposition zu gehen. Ist der Hund dort angekommen, gehen beide sofort weiter, ohne dass der Hund sich vorher setzt.
Wieder sollte der Mensch sehr aufmerksam darauf achten, dass der Hund sich nicht setzt, und deshalb sofort losgehen, wenn der Hund in der Grundposition angekommen ist.

Vorsitz – 1, 2, 3 Schritte rückwärts

Die Übung beginnt mit einem Vorsitz aus der Vorwärtsbewegung heraus. Wie bei der Vorsitzübung erklärt, geht der Mensch in gerader Linie bis höchstens vier Schritte rückwärts, um dem Hund das Vorsitzen zu ermöglichen. Daran schließen sich drei weitere Vorsitzübungen an. Der Mensch geht einen Schritt rückwärts, bleibt stehen, schließt die Füße, dann geht er in gerader Linie zwei Schritte rückwärts, bleibt wieder stehen, schließt die Füße, zuletzt geht er in gerader Linie drei Schritte rückwärts und bleibt stehen. Der Hund soll jedem Rückwärtsgehen folgen, indem er aufsteht, vorwärts auf den Hundeführer zuläuft und die Sequenz mit einem Vorsitz abschließt.

Natürlich kann die Übung so nicht enden. Sie muss als Abschluss eine der zuvor beschriebenen Zusatzübungen erhalten.

Während der Vorsitzübungen und während der Hund die Grundstellung einnimmt, darf der Mensch seine Füße nicht bewegen.
Für den Hund besteht bei dieser Übung die Gefahr darin, dass er übereifrig ist, dass er das mögliche Zögern seines Menschen vor der nächsten Rückwärtspartie falsch interpretiert und denkt, er solle bestimmt sofort die Grundstellung einnehmen. Dem kann der Mensch entgegenwirken, indem er dem Hund ein freundliches, aber bestimmtes „Bleib" sagt, nachdem dieser die Vorsitzposition eingenommen hat.

Tempowechsel

Wie auch im klassischen Obedience sollen die Teams im Rally Obedience zeigen, dass sie drei unterschiedliche Tempos beherrschen.

Tempo langsam

Aus der Vorsitzübung heraus läuft der Mensch rückwärts.

An diesem Übungsschild sollen Mensch und Hund ihr Tempo so weit reduzieren, dass der Unterschied zum bisherigen Gehtempo deutlich zu erkennen ist. Die Übung beginnt links vom Schild. Das langsame Tempo muss vom Team bis zu der Übungsstation beibehalten werden, an der ein weiterer Tempowechsel erfolgen soll oder die mit einem Halt endet. Ist das Übungsschild das letzte im Parcours, geht das Team auch langsam über die Ziellinie.

Für Hunde ist es anstrengend, langsam laufen zu müssen. Zügiges Gehen oder leichter Trab ist für sie einfacher. Langsames Gehen verleitet sie dazu, sich hinzusetzen, was aber nicht erlaubt ist. Darum kann gerade in diese Übung der Mensch davon Gebrauch machen, dass er im Rally Obedience seinen Hund nach Lust und Laune ermuntern, loben und bestätigen darf. So wird sein Teampartner die ungeliebte langsame Sequenz sicherer laufen und fehlerfrei beenden können.

Tempo schnell

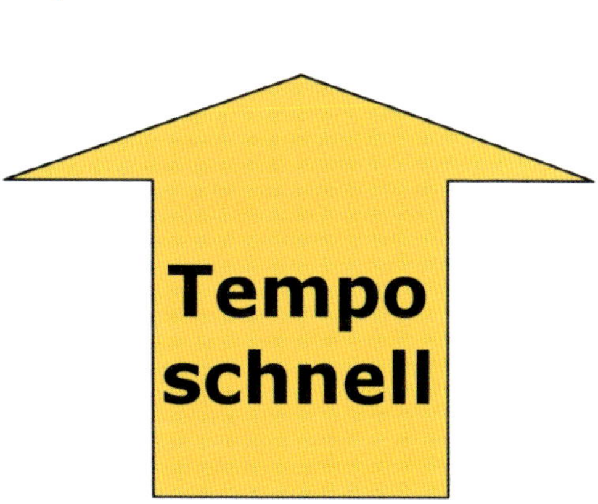

Wie bei der vorherigen Station beginnt diese Übung links vom Schild. Mensch und Hund erhöhen ihr Lauftempo so, dass der Unterschied zum bisherigen Tempo deutlich erkennbar wird. Der Hund sollte mindestens traben. Dieses Tempo behalten beide bei, bis sie an eine Station kommen, an der ein weiterer Tempowechsel auszuführen ist oder aber eine Übung, die mit Halt endet. Ist diese Übung die letzte in einem Parcours, dann darf das Team gemeinsam im Laufschritt über die Ziellinie rennen.

Hunde lieben diese Übung, weil die höhere Laufgeschwindigkeit ihnen Spaß macht. Allerdings verführt sie manche Hunde dazu, zu hopsen oder ihren Menschen anzuspringen. Da ist menschliches Feingefühl gefragt, um den Punkt herauszufinden, an dem der Hund zwar leicht und fröhlich läuft, aber noch nicht so übermütig wird, dass er durch das Anspringen Fehlerpunkte produziert.

Tempo normal

Dieses Übungsschild wird häufig nach den Schildern „Tempo schnell" oder „Tempo langsam" aufgestellt. Es bedeutet, dass der Mensch und sein Hund links von der Übungsstation ihre Geschwindigkeit wieder in normales Gehtempo ändern dürfen.

Halt – Schnell vorwärts aus Sitz

Mensch und Hund halten links vom Übungsschild an. Der Hund sitzt in Grundstellung neben dem Hundeführer. Nun erhält der Hund die Aufforderung, dem Menschen in Fußposition zu folgen, und der Mensch startet im Laufschritt zum nächsten Übungsschild. Das erhöhte Tempo muss von dem Team bis zu der Übungsstation eingehalten werden, an der eine Tempoänderung gefordert wird oder an der das Team durch die auszuführende Übung zum Anhalten kommt. Ist das Übungsschild „Halt – Schnell vorwärts aus Sitz" das letzte in einem Parcours, dann bewegen sich Mensch und Hund im Laufschritt ins Ziel.

Der Hundeführer muss bei dieser Übung darauf achten, dass sein Hund gleichzeitig mit ihm startet und das Lauftempo aufnimmt. Zudem besteht die Möglichkeit, dass in der Folge mehrere Stationen im Lauftempo zu absolvieren sind, bevor ein entsprechendes Übungsschild wieder das Normaltempo erlaubt.

Einfache Figuren

Die einzige Aufgabe, die der Hund beim Laufen der Figuren im Rally Obedience erfüllen soll, ist das Laufen bei Fuß. Für den Menschen besteht die Schwierigkeit darin, sein eigenes Tempo und

Mit Schwung geht es in die Rechtskurve. Maya muss sich beeilen, um den Anschluss nicht zu verlieren. (Foto: Angelika Schröder)

die Länge seiner Schritte der Figur so anzupassen, dass der Hund gut Anschluss halten kann, je nachdem, ob er eine Rechts- oder Linkskurve geht und ob der Hund außen läuft oder innen.

Spiralen

Es dauert schon eine Weile, bis ein neues Team die Spiralen flüssig und sicher läuft. Der Mensch ist hierbei die größere Schwachstelle, weil wir immer wieder feststellen, dass unser Gleichgewichtssinn sich bei zu flottem Lauf durch die Spiralen bemerkbar macht: Uns wird schwindelig. Zu langsames Gehen kann zur Folge haben, dass der Hund sich setzt, was nicht erwünscht ist. Also versuchen wir, das Tempo herauszufinden, das für das jeweilige Team das passende ist.

Spirale rechts – Hund außen

An dieser Station trifft das Team auf drei Pylonen, die auf einer Geraden im Abstand von 1,5 Metern aufgestellt sind. Wie das Symbol auf dem

Schild zeigt, soll der Mensch mit seinem Hund bei Fuß die Station rechtsherum (im Uhrzeigersinn) umlaufen. Das Übungsschild findet sich in der Nähe der ersten Pylone auf der rechten Seite des Hundeführers. Das Team geht links daran vorbei bis zur dritten Pylone, geht außen herum und kommt wieder zum Anfang zurück. Die zweite Runde führt links am Schild vorbei nur noch bis zur zweiten Pylone, um sie herum und zurück zum Anfang. Die letzte Runde geht dann nur noch um die erste Pylone. Das Team muss also bei jeder Runde wieder zurück zur ersten Pylone.

Es ist nicht festgelegt, in welcher Richtung das Team die Spirale verlässt. Das ist abhängig vom weiteren Verlauf des Parcours, also davon, wo die nächste Übungsstation zu finden ist.
Die Hunde neigen dazu, bei den Rechtskurven um die Pylonen zurückzubleiben, weil die Menschen vergessen, dass der Hund außen läuft, demzufolge einen größeren Radius hat und damit einen längeren Laufweg. Es hilft, wenn der Mensch kleinere Schritte macht und den Hund durch Aufmunterungen bei Laune hält. Es stört auch niemanden, wenn der Mensch dabei singt oder pfeift (das ist meine persönliche Lieblingsvariante), wichtig ist nur, dass beide gleichmäßig die Pylonen umrunden und die Figur gemeinsam laufen.

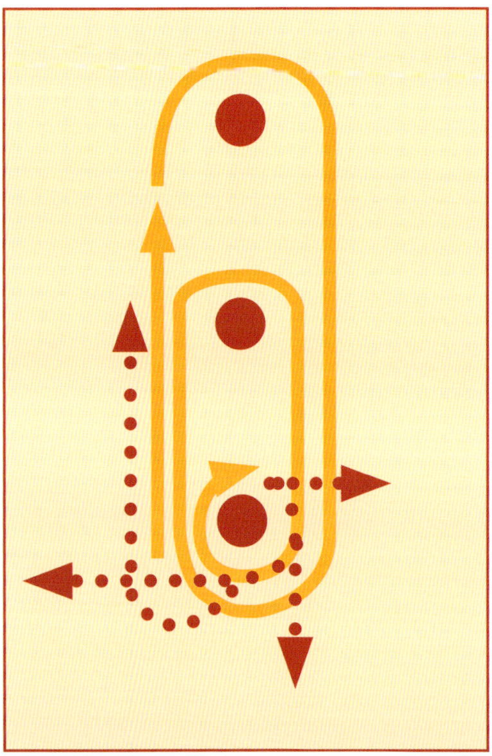

Der Ausgang der Spirale kann an mehreren Stellen sein.

Spirale links – Hund innen

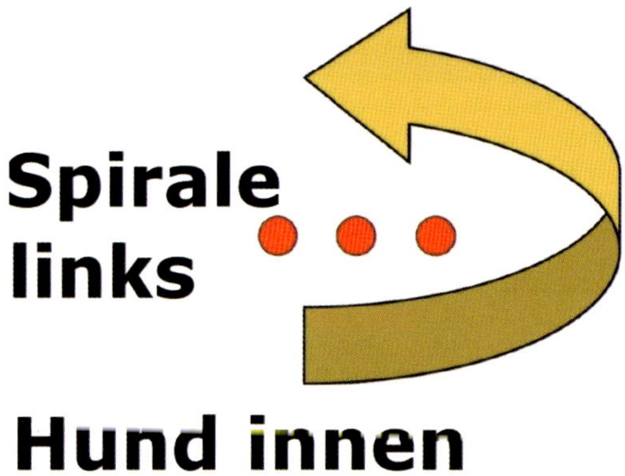

Dies ist die erste von mehreren Ausnahmeübungen, bei denen das Übungsschild auf der linken Seite des Teams positioniert ist.

Das Team soll drei Pylonen, die mit 1,5 Metern Abstand aufgestellt sind, linksherum (gegen den Uhrzeigersinn) umkreisen. Der Hund soll während der gesamten Übung bei Fuß laufen. Beide gehen also rechts an der Station vorbei bis zur dritten Pylone, gehen links um sie herum und kommen zur ersten Pylone zurück. Anschließend laufen sie in der gleichen Weise um die zweite und zuletzt um die erste Pylone. Der Ausgang aus der Spirale ist wieder davon abhängig, in welcher Richtung der Parcours weiterverläuft beziehungsweise wo das nächste Übungsschild steht.

Die Spirale linksherum ist für das Team etwas einfacher, weil der Hund innen läuft. Der Mensch hat die Möglichkeit, durch eine eingedrehte Fuß- und Schulterhaltung dem Hund deutlich anzuzeigen, dass Linkskurven bevorstehen. Verbale Unterstützung und Begleitung des Hundes sind erlaubt und sollten gerade von Anfängern im Rally Obedience auch genutzt werden.

Slalom

Dass Hunde einen Slalom laufen, kennt man eventuell aus dem Agility. Dort läuft allerdings nur der Hund um die Stangen, der Mensch läuft nebenher.

Im Rally Obedience soll das Team gemeinsam im Slalom um mehrere Hindernisse herumgehen. Diese Fähigkeit ist nicht nur im Hundesport, sondern auch im Alltag durchaus von Nutzen. Sei es auf der Straße, in Geschäften, in Fußgängerzonen, auf dem Markt oder an Baustellen, es gibt eine Vielzahl von Situationen, wo auf dem Boden Dinge liegen, die der Mensch mit seinem Hund umlaufen muss.

Slalom einfach

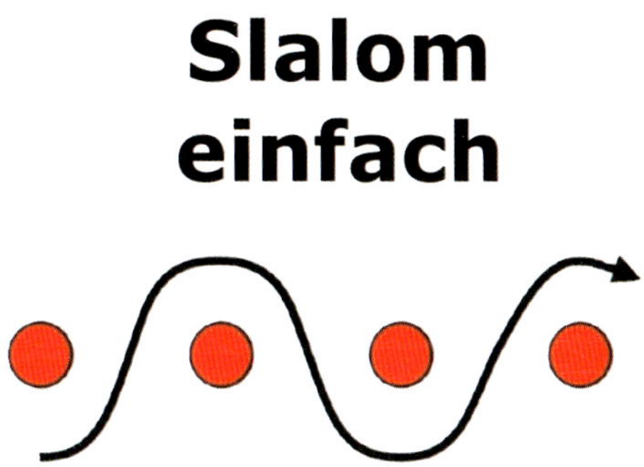

Bei dieser Übung findet das Team vier Pylonen, aufgestellt in gerader Linie, im Abstand von 1,5 Metern. Das Symbol auf dem Schild zeigt den Eingang in die Figur zwischen der ersten und zweiten Pylone. Das Übungsschild und die Figur werden links vom Laufweg des Menschen aufgebaut, Mensch und Hund gehen also nach links in den Slalom hinein. In welcher Richtung sie den Slalom verlassen, hängt vom weiteren Verlauf des Parcours ab.

Dies ist der Weg durch die Spirale linksherum.

Dem Hund muss im Slalom ausreichend Platz gelassen werden, damit er an den Pylonen vorbeikommt.

Diese so schlicht aussehende Übung birgt besonders für die Besitzer großer Hunde ihre Schwierigkeiten. Der Mensch muss darauf achten, dass er beim Umgehen der Pylonen seinem Hund ausreichend Platz lässt, damit dieser zwischen den Pylonen hindurchlaufen kann. Geht der Mensch zu eng an einer Pylone vorbei, wird der Hund gezwungenermaßen auf die andere Seite der Pylone ausweichen. Darum sind für den Hundeführer Konzentration und Aufpassen angesagt.

Slalom hin und zurück

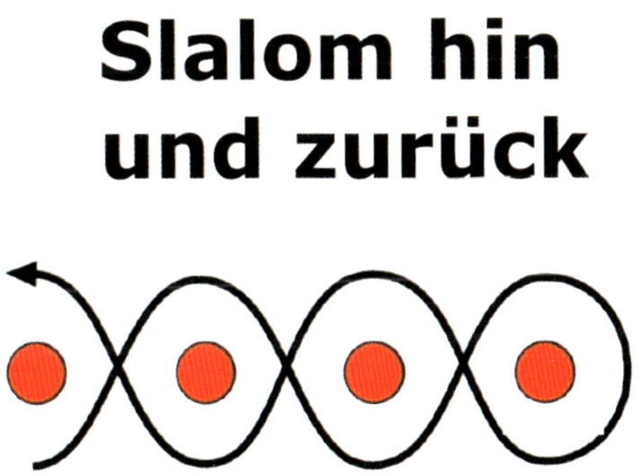

Diese Übung baut direkt auf der vorherigen auf. Vier Pylonen in Reihe mit einem Abstand von je 1,5 Metern sollen nicht nur einfach durchlaufen werden, sondern das Team muss die vierte Pylone im Uhrzeigersinn umrunden und anschließend durch den Slalom zur ersten Pylone zurückkommen. Der Eingang in den Slalom hin und zurück ist auf der linken Seite des Teams hinter der ersten Pylone. In welche Richtung das Team nach der Übung geht, ist abhängig vom weiteren Parcoursverlauf, also davon, an welcher Stelle das nächste Schild steht.

Verweigerungsübungen

Eine Besonderheit von Rally Obedience im Vergleich zu jeder anderen Art von Gehorsamkeitstraining im Hundesport sind die Übungen zur Futterverweigerung. Hier geht es darum, dass der Hund Selbstkontrolle erlernt. Er muss dem Impuls widerstehen, an den Futterschüsseln zu schnüffeln, zu versuchen, das Futter zu verzehren oder an das ausgelegte Spielzeug heranzukommen.

Figur 8 ohne Ablenkung

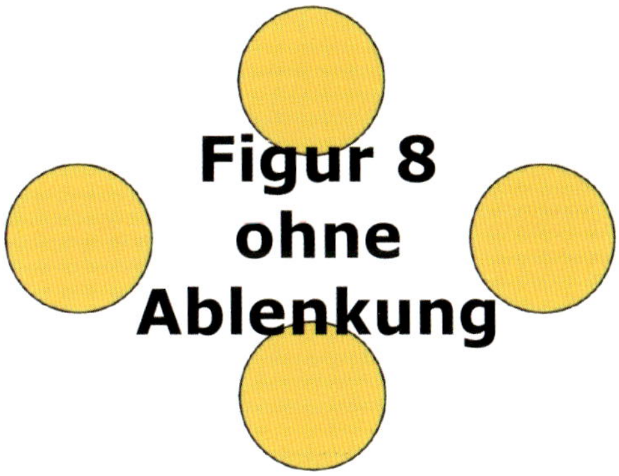

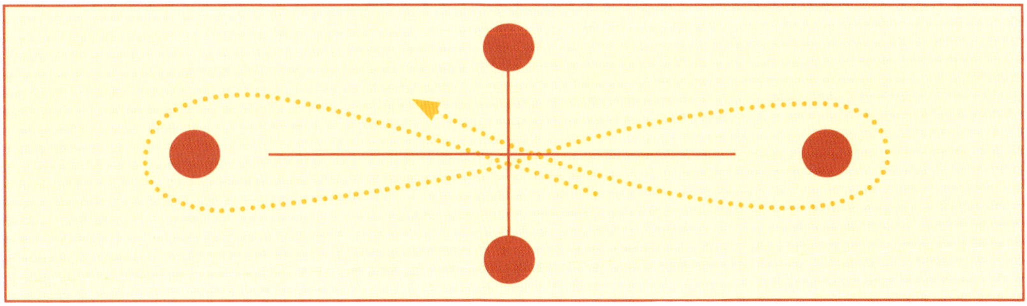

Der Weg durch die Figur 8.

Aufmerksam schaut Sally zu ihrer Hundeführerin und lässt sich von den Futterschüsseln nicht ablenken.

Vier Futterschüsseln bilden diese Übungsstation. In der ersten Schwierigkeitsstufe sind die Schüsseln noch leer, denn die Hunde lernen hier zunächst die Figur und das Laufschema kennen. Die Schüsseln werden in Form einer Raute aufgebaut. Die Schalen an der Längsachse sollen 3 Meter voneinander entfernt sein, die beiden anderen 1,5 Meter. Das Übungsschild wird entweder dicht neben einer der Futterschüsseln oder aber in kurzer Entfernung von der Figur aufgestellt.

Der Einstieg ist immer rechts vom Übungsschild. Das Team soll auf die Mitte der Figur zulaufen, die beiden Schüsseln am Ende der Längsachse in Form einer 8 umkreisen und dabei insgesamt dreimal die Mitte der Figur passieren. An welcher Stelle das Team die Figur verlässt, hängt wieder vom Verlauf des Parcours ab.

Für die Hunde ist diese Übung eine Fußarbeitsaufgabe, wobei Rechts- und Linkswendungen in schnellem Wechsel aufeinanderfolgen. Der Hundeführer sollte dem Hund helfen, indem er seine Füße und Schultern jeweils in die Richtung eindreht, in die dann gewendet werden soll. So kann sich der Hund an den körpersprachlichen Signalen seines Menschen orientieren – er weiß, wohin sein Mensch mit ihm gehen möchte.

Schon in diesem Stadium (ohne Futterablenkung in den Schüsseln) sollte der Hundeführer seinen Hund zu konzentriertem Arbeiten auffordern, indem er ihn anspricht, ihn lobt, wenn er beim Umkreisen der Schalen folgt, diesen aber keinen Blick schenkt.

Drehungen auf der Stelle

Für alle bisher beschriebenen Drehungen durfte das Team einen kleinen Kreisbogen laufen. Es gibt aber bereits bei den Übungen für Einsteiger sieben unterschiedliche Drehungen, die auf der Stelle auszuführen sind. Zwei dieser Übungen sind stationär, sie enden mit einer Grundstellung. Die Beschreibung „auf der Stelle" ist dabei durchaus wörtlich gemeint. Sie bedeutet, dass der Hundeführer seine Drehung auf einer Fläche von ungefähr der Größe eines DIN-A4-Blattes vollführen muss. Das klappt bei den meisten Hundeführern nicht auf Anhieb, sondern die Stellung der Füße in der Drehung muss immer wieder geübt werden: Unser Rally-Obedience-Ballett beginnt!

Halt – 90-Grad-Drehung rechts – Halt

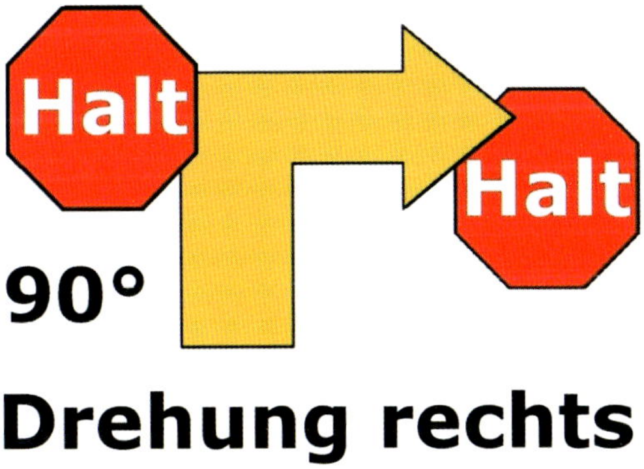

Das Übungsschild findet sich direkt im Laufweg des Teams, denn wie alle Richtungsänderungen muss auch diese vor dem Übungsschild ausgeführt werden. Das Team hält also vor dem Schild an, der Hund nimmt die Grundstellung ein, er setzt sich. Der Mensch dreht sich jetzt um 90 Grad nach rechts. Dabei darf er seine Füße insgesamt nur zweimal bewegen, nämlich mit einem (sinnvollerweise mit dem linken) Fuß die Drehung ausführen, mit dem anderen Fuß schließen.

Der Hund soll die Drehbewegung sofort mitmachen und sich dann wieder in Grundstellung neben den Menschen setzen. Danach geht es bei Fuß weiter zur nächsten Übungsstation.

Für die Ausführung der Drehung sind mehrere Varianten möglich, eine davon ist die oben gezeigte. Der linke Fuß wird in T-Stellung über den rechten Fuß gestellt. Der rechte Fuß wird herangezogen und schließt zur Grundstellung. Der Hund kann die Drehung deswegen sehr schön

Die T-Stellung der Füße in der Rechtsdrehung.

Die Rechtsdrehung als Drehung auf dem Absatz.

Der Hund „Klappt" bei der Linksdrehung rückwärts heran.

annehmen, weil das linke Bein des Hundeführers diesen Positionswechsel einleitet, der Hund also sofort bemerkt, dass Bewegung angesagt ist.

In einer anderen Variante dreht der Mensch auf dem rechten Absatz um 90 Grad nach rechts und schließt danach mit dem linken Fuß zur Grundstellung.
Nachteil dieser Variante ist, dass der Hund erst im letzten Teil der Drehung miteinbezogen wird und die Vierteldrehung ausführen soll. Welche der Methoden für ein Team die richtige Wahl ist, wird sich im individuellen Training zeigen. Es gibt keine Trainingsmethode, die für jedes Team passt. Hier darf ausprobiert werden; der eigenen Fantasie und Kreativität sind keine Grenzen gesetzt, solange der Mensch sich daran hält, die Füße nur zweimal zu bewegen.

Halt – 90-Grad-Drehung links – Halt

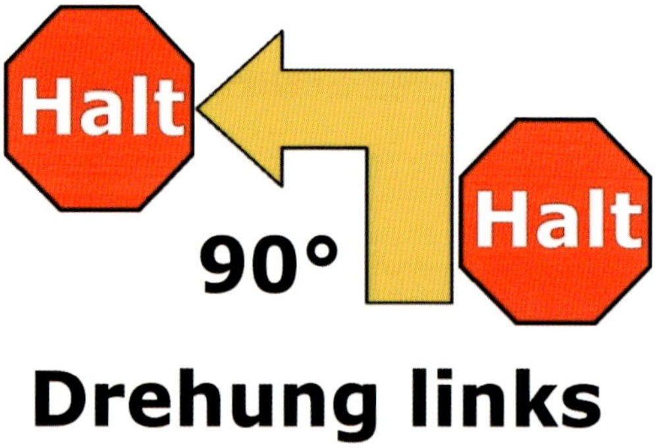

Hier nun das Spiegelbild der vorherigen Übung. Mensch und Hund laufen auf das Übungsschild zu und halten in Grundstellung an, der Hund sitzt also neben dem Hundeführer. Nun soll die Drehung des Teams nach links erfolgen. Der Mensch darf seine Füße dafür nur zweimal bewegen, einmal für die Drehung und dann zum Schließen. Der Hund soll der Bewegung folgen, er soll sich gleichzeitig mit dem Menschen bewegen und danach wieder in Grundstellung neben seinen Hundeführer setzen. Für den Menschen ist diese Drehung nicht schwieriger als die Rechtsdrehung. Für den Hund ist das anders. Angestrebtes Ziel ist, dass der Hund mit den Vorderfüßen mehr oder weniger auf der gleichen Stelle dreht, seine Hinterbeine aber den Viertelkreis nach links laufen. Die Bewegung wirkt auf den Zuschauer wie eine Rückwärtsbewegung, ist für den Hund aber tatsächlich eine seitliche Drehbewegung.

Wie kann ich das meinem Hund beibringen?
Auf jeden Fall muss ich mir Zeit nehmen, denn die meisten Hunde bieten dieses „Heranklappen" als Bewegung nicht spontan an. Die Hunde müssen erst lernen, dass und wie sie hierbei ihre Hinterfüße benutzen können.

Eine Trainingsmöglichkeit ist, einen großen schweren Topf oder eine große schwere Schale mit der Öffnung nach unten auf den Boden zu legen. Nun wird der Hund aufgefordert, mit den Vorderfüßen aufzusteigen. Gelingt es ihm, feiern wir diesen Teilerfolg mit einer Extraportion Futter zu Belohnung. Ab sofort bekommt der Hund seine Belohnung nur noch dann, wenn er mit den Vorderpfoten auf dem Topf genau dem Menschen gegenübersteht.

Sobald dem Hund diese Position geläufig ist und er sie gern und willig einnimmt, ist es Zeit für den zweiten Schritt. Der Mensch verändert nun seine Position und dreht sich so, dass er nicht mehr genau gegenübersteht. Der Hund wird (hoffentlich!) versuchen, sich seine Belohnung zu verdienen, indem er die Gegenüberposition wiederherstellt, wobei er in erster Linie seine Hinterfüße benutzen muss.

Diese Trainingsphase ist von entscheidender Bedeutung für den weiteren Verlauf. Der Hund lernt, seine Hinterfüße wie selbstverständlich zu benutzen und gleichzeitig die Vorderfüße ruhig zu halten.

Im nächsten Trainingsschritt ändert der Mensch seine Anfangsposition. Nachdem der Hund mit den Vorderfüßen auf dem Topf steht, stellt sich der Mensch lobend neben ihn und füttert und belohnt den Hund ab sofort nur noch für diese Position. Durch das vorangegangene Training ist es dem Hund geläufig, nur mit den Hinterfüßen zu arbeiten. Wenn also der Mensch sich jetzt seitlich um den Topf herumbewegt, kann und wird der Hund ihm folgen, in der Hoffnung, für dichtes Nebeneinanderstehen eine große Belohnung zu erhalten.

Der letzte Schritt ist dann das Weglassen des Topfes, der Hund hat gelernt, an seinen Menschen „heranzuklappen“.

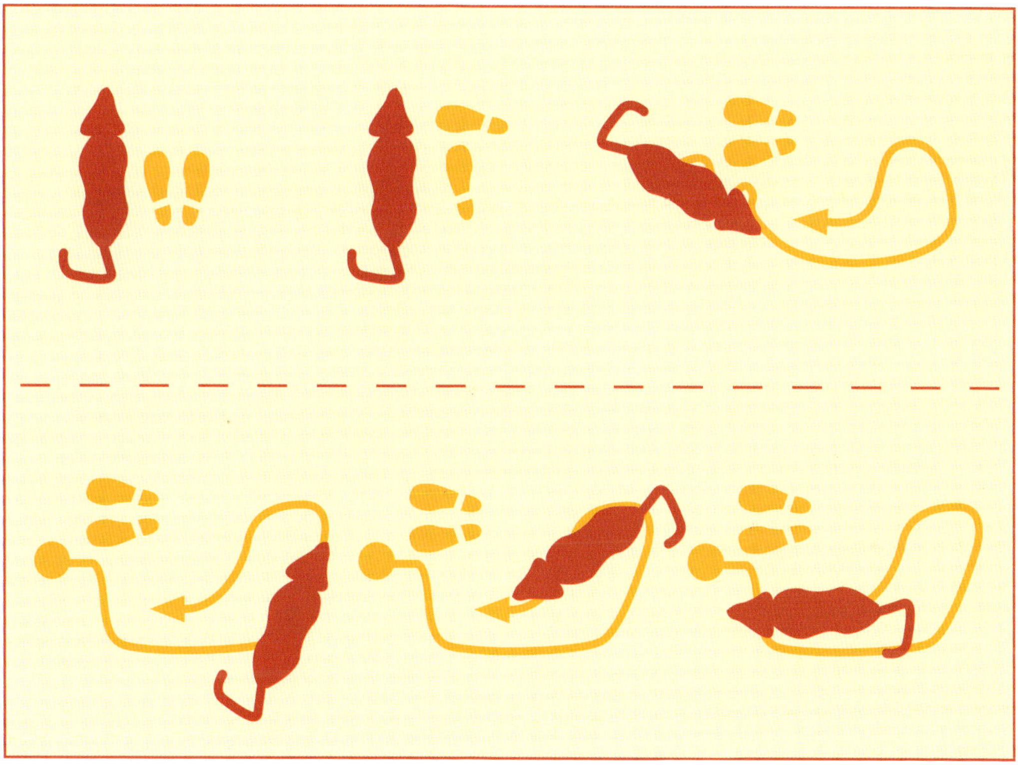

Gleichzeitig mit der Drehung des Menschen wird der Hund in die neue Grundposition geführt.

Anstelle des Topfes sind bei manchen Hundefreunden auch schon hölzerne Drehteller zum Einsatz gekommen, die eigentlich als Käseteller oder Ähnliches verkauft werden. Mit Kunstrasen oder Nadelfilz beklebt erfüllen sie den gleichen Zweck wie der Topf.

Wem dieser Weg nicht gefällt, der mag vielleicht folgende Variante:
Nachdem der Mensch den ersten Fuß seitlich gesetzt hat, führt er den Hund gleichzeitig mit seiner eigenen Drehung mit einer großen Armbewegung zuerst hinter und dann neben sich. Die Bewegung ist die gleiche wie bei dem schon beschriebenen Zusatzschild „Hund linksherum – Halt". Der relativ große Bogen, den der Hund anfangs läuft, soll natürlich nicht so bleiben. Im weiteren Trainingsverlauf soll er immer kleiner werden, gelobt wird vorzugsweise der Teil der Drehung, bei dem der Hund sein Hinterteil dreht. Das Ziel dieser Trainingsmethode ist, wie oben, ein intensiveres Arbeiten mit den Hinterpfoten zu erreichen, um eine enge Drehung des Hundes gleichzeitig mit dem Menschen zeigen zu können.

180-Grad-Drehung rechts

Das Team geht auf das Übungsschild zu, um die Übung direkt davor auszuführen, denn die 180-Grad-Drehung ist eine Richtungsänderung. Ohne anzuhalten dreht sich der Hundeführer auf der Stelle um 180 Grad nach rechts. Er darf höchstens vier Fußbewegungen machen, um die Drehung auszuführen. Der Hund soll sich gleichzeitig mitbewegen. Nach Beendigung der Drehung geht das Team zur nächsten Übungsstation, der Hund läuft bei Fuß.

Anders als bei der Rechtskehrt-Übung darf das Team hier keinen kleinen Bogen mehr laufen, sondern soll sich (als Steigerung) auf der Stelle drehen. Im Training lässt sich das wunderbar üben, indem der Mensch in seine rechte Hand Futter nimmt, es dem Hund vor die Nase hält und ihn damit flott durch die Drehung führt. Befolgt der Hund diese Führhilfe sicher, so wird nach einiger Zeit nur noch die leere Hand als Führhilfe eingesetzt, der Hund nach Beendigung der Übung aber großzügig belohnt. Im Lauf der Zeit kann auf die Führhand verzichtet werden, wenn der Hund die Drehung sicher und ohne zu zögern mitmacht.

Alternativ kann in der Lernphase auch ein Target eingesetzt werden.

180-Grad-Drehung links

01: Der Mensch leitet die Linksdrehung ein.

02: Pira beginnt, mit den Hinterbeinen zu arbeiten.

03: Die Vorderbeine bleiben fast auf der Stelle.

04: Ohne anzuhalten geht es in die Gegenrichtung weiter.

01

02

03

04

Bei der ersten Wendung läuft Lando hinter mir auf meine linke Seite ...

... um dann gleich noch mal in die zweite Wendung geschickt zu werden.

Die 180-Grad-Drehung links ist als Steigerung der Linkskehrt-Übung anzusehen. Der Unterschied besteht wieder darin, dass kein kleiner Bogen gelaufen werden darf, sondern dass die Drehung auf der Stelle erfolgen soll. Hundeführer und Hund gehen also auf das Übungsschild zu. Aus der Bewegung heraus dreht sich der Mensch um 180 Grad nach links, wobei er die Füße nicht öfter als viermal bewegen darf. Der Hund soll der Bewegung in Fußposition folgen, er wird sich also idealerweise leicht rückwärtsbewegen. Nach der Drehung geht das Team ohne anzuhalten zur folgenden Übungsstation.

Wie schon bei der Linkskehrt-Übung beschrieben, darf der Hundeführer seinen Hund körpersprachlich dadurch auf die Wendung vorbereiten, dass er kurz vor dem Schild Füße und Schultern nach links eindreht, um die Richtung anzudeuten.

Die drei folgenden Drehungen auf der Stelle gehören nicht zu den Richtungsänderungen, sondern es sind Bewegungsübungen, nach deren Ausführung es ohne Pause weitergeht zur folgenden Übungsstation.

Doppelkehrt – Mensch nach links, Hund nach rechts

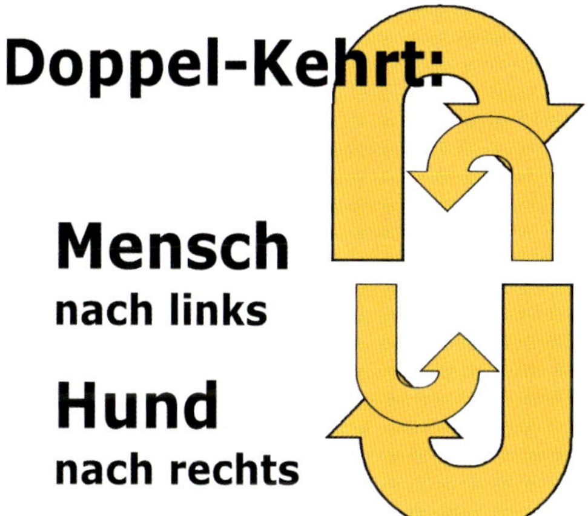

Die Doppelkehrt-Übung ist nichts anderes als eine zweimal, ohne Pause nacheinander ausgeführte traditionelle Kehrtwendung, wie sie beispielsweise bei der Begleithundeprüfung gezeigt wird. Das Team macht aus der Bewegung heraus neben dem Schild die erste Kehrtwendung, wobei der Mensch sich nach links zum Hund dreht, während dieser hinter dem Menschen zur anderen Seite läuft. Die Drehung wird anschließend sofort noch einmal durchgeführt. Mensch und Hund haben am Ende eine Drehung um 360 Grad gezeigt. Diese Übung ist keine Richtungsänderung, das Team geht anschließend links am Übungsschild vorbei zur nächsten Station.

360 Grad rechts

Mensch und Hund sollen neben dem Übungsschild eine 360-Grad-Drehung nach rechts machen. Die Fußarbeit des Hundeführers ist entscheidend für die Ausführung. Es soll eine Drehung auf der Stelle gezeigt werden. Der Mensch muss sich also auf entsprechend kleiner Fläche (ungefähr die Größe eines DIN-A4-Blattes) drehen. Es ist erlaubt, dass er dabei einen sehr kleinen Kreis läuft, indem er die Füße direkt an- und voreinander setzt.

Der Hund soll der Bewegung folgen, er bleibt während der gesamten Drehung in Fußposition.

Auf dem Weg zum Übungsschild.

Die Hälfte ist geschafft, Pongo dreht sehr schön eng am Bein.

02

Die erste Vierteldrehung.

Nun geht es geradeaus weiter.

04

Ist die Drehung abgeschlossen, läuft das Team weiter geradeaus zur nächsten Übungsstation.

Die Erfahrung zeigt, dass bei dieser Aufgabe nicht so sehr der Hund konzentriert arbeiten muss, sondern der Mensch. Zum einen muss er darauf achten, den eigenen Drehkreis wirklich so klein wie möglich zu halten. Zum anderen sollte der Hund nicht zurückbleiben, sondern der Mensch sollte sein Drehtempo der Geschwindigkeit des Hundes anpassen. Der schwierigste Teil aber besteht für den Menschen darin, sich nach der Drehung zu orientieren und seinen weiteren Weg zu finden. Auch wenn es in der Theorie so logisch aussieht, dass es nach der vollen Drehung geradeaus weitergeht, haben in der Praxis zahlreiche Hundeführer Schwierigkeiten bei der Umsetzung. Ursache dafür ist meist, dass die Übung nicht genau neben dem Übungsschild gearbeitet wird, sondern dass das Team sich zu weit vor dem Schild aufhält. Dann stehen beide nach der Drehung vor dem Schild, der Weg in Richtung geradeaus ist durch das Schild versperrt, der Mensch biegt nach rechts oder links ab und schon hat das Team sich verlaufen.

Manchen Hundeführern fällt es überraschend schwer, diese Übung auszuführen. Eventuell kann es eine Hilfe sein, wenn verdeutlicht wird, dass die 360-Grad-Drehung nichts anderes ist als eine zweimal nacheinander ausgeführte 180-Grad-Drehung.

Die Verwendung eines Targets ist möglicherweise von Nutzen.

360 Grad links

Mensch und Hund machen aus der Bewegung heraus neben dem Übungsschild eine vollständige Drehung nach links. Der Mensch macht die Drehung auf der Stelle, er darf maximal einen sehr kleinen Kreis laufen, wobei er einen Fuß direkt vor den anderen setzt.

Der Hund soll während der gesamten Drehung in Fußposition direkt neben dem Bein des Menschen bleiben. Er wird sich dabei idealerweise rückwärtsbewegen, um den Kontakt zum Menschen beizubehalten.

Die Hand des Menschen lockt den Hund linksherum.

Nach Beendigung der Übung geht es für das Team in gleicher Richtung weiter wie vorher.

Die Drehung um 360 Grad nach links kann sicherlich als die anspruchsvollste der Drehungen auf der Stelle unter den Einstiegsübungen bezeichnet werden. Die Schwierigkeit besteht darin, dass der Hund seine Hinterbeine einsetzen und rückwärtslaufen muss.

Das Training für diese Drehung deckt sich mit dem für die 90-Grad-Drehung nach links. Wenn Mensch und Hund diese beherrschen, dann spornt der Mensch den Hund an, immer noch ein Stück weiter als 90 Grad zu drehen und lobt und belohnt ihn dafür. Auf diese Weise wird die Drehung Stück für Stück bis auf 360 Grad ausgedehnt. Vorsicht ist beim Rückwärtsgehen des Hundes geboten, denn wenn dem Hund das zu langsam geht, könnte er versuchen, sich zu setzen. Das ist aber nicht erlaubt.

Zusätzlich zu den bisher erklärten Trainingsversionen soll hier noch eine weitere beschrieben werden, die besonders großen Hunden eine erste Vorstellung davon vermittelt, was bei einer Linksdrehung von ihnen erwartet wird:

Mensch und Hund befinden sich in Grundposition, der Hund steht. Nun hält der Mensch dem Hund seine linke Hand (vorzugsweise mit einer Futterbelohnung darin) an die linke Seite des Kopfes. Natürlich wird der Hund seinen Kopf drehen und versuchen, an das Futter heranzukommen. Der Mensch dreht sich jetzt, immer mit der Hand neben dem Hundekopf, kreisförmig um die eigene Achse nach links; der Hund folgt der Futterhand und dreht sich mit. Wenn die Drehung beendet ist, erhält der Hund die Belohnung. Die Drehung kann eventuell mit dem Wort „links" begleitet oder unterstützt werden.

Diese Technik ist bei großen Hunden gut einsetzbar, birgt allerdings auch die Gefahr, dass der Mensch einen zu großen Kreisbogen um den Hund läuft, anstatt sich auf der Stelle zu drehen. Darum sollte besonders darauf geachtet werden, dass der Kreisbogen, den der Hundeführer macht, wirklich so klein wie möglich ausfällt.

Um kleinen Hunden die Drehung auf die gleiche Weise beizubringen, muss sich der Mensch entweder recht weit hinunterbeugen oder er verlängert seinen Arm mithilfe einer nach Leberwurst duftenden Fliegenklatsche und der Hund läuft dann hinter der Fliegenklatsche her. Wenn das Team mit dem Einsatz eines Targetsticks vertraut ist, kann man sich die Fliegenklatsche ersparen und stattdessen den Targetstick benutzen

Übungen für Fortgeschrittene

Die Übungen für Fortgeschrittene sollten von einem Team wirklich erst dann angegangen werden, wenn die Grundlagen sicher sitzen und der Hund sie mit Selbstverständlichkeit und Freude befolgt.

Schwierige Richtungsänderungen

Im Unterschied zu den Richtungsänderungen für Einsteiger sind die folgenden Wendungen nicht nur auf der Stelle auszuführen, sondern sie beginnen zudem alle mit einem Halt, werden also aus dem Stand heraus gearbeitet.

Halt – 90 Grad rechts – 1 Schritt – Halt

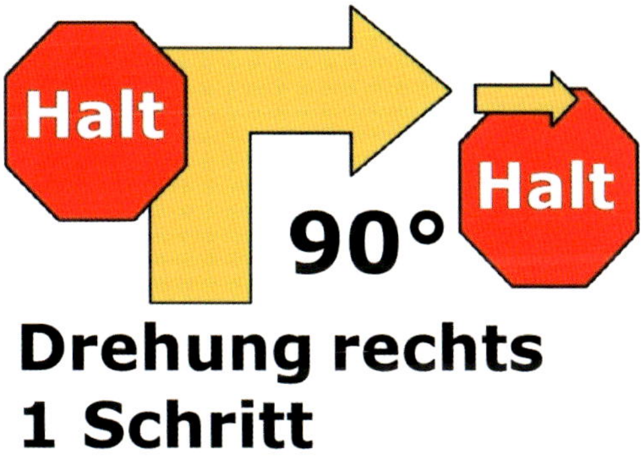

Das erste Anhalten.

Der Schritt nach rechts, spätestens jetzt folgt der Hund.

Der Mensch dreht um 90 Grad nach rechts, der Hund beginnt zu folgen.

Den Abschluss bildet wieder die Grundposition.

Wie bei allen Richtungsänderungen ist die Übung direkt vor dem Übungsschild auszuführen. Mensch und Hund halten vor der Station an, der Hund setzt sich in Grundstellung neben den Menschen. Der Mensch dreht mit einem Fuß auf der Stelle nach rechts, mit dem anderen Fuß macht er einen deutlich sichtbaren Schritt in die neue Richtung, halt dann an und schließt die Füße zur Grundstellung. Insgesamt macht er drei Bewegungen, nämlich Drehen, Gehen, Stehen. Der Hund soll der Wendung von Anfang an in Fußposition zum Menschen folgen und die Station mit einem Sitz in Grundstellung neben dem Menschen abschließen.

Es ist verführerisch, bei dieser Aufgabe gleich mit einem schwungvollen großen Schritt um 90 Grad zu wenden, aber das wäre leider falsch. Das Augenmerk des Hundeführers sollte darauf liegen, dass er nach dem ersten Anhalten zuerst die Drehung auf der Stelle ausführt und erst danach den Schritt nach vorn geht. Das Tempo, in dem der Mensch die Wendung arbeitet, ist ein weiterer heikler Punkt. Zögert der Mensch nach der Drehung mit dem Schritt voraus zu lang, setzt sich der Hund möglicherweise hin, was aber unbedingt zu vermeiden ist. Das gute Zusammenspiel von Mensch und Hund ist hier von entscheidender Bedeutung.

Halt – 90 Grad links – 1 Schritt – Halt

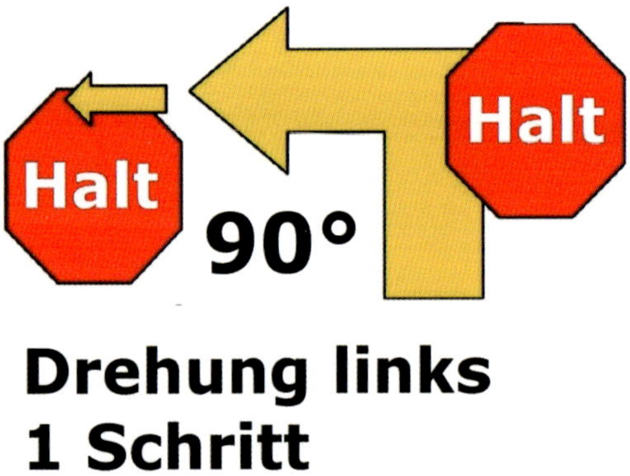

Spiegelbildlich zur vorherigen Drehung führt das Team die Wendung nach links aus. Aus dem Gehen heraus halten beide an, der Hund setzt sich in Grundstellung. Der Mensch dreht mit einem Fuß auf der Stelle um 90 Grad nach links, macht dann mit dem anderen Fuß einen Schritt in die neue Richtung und zieht abschließend den ersten Fuß zur Grundstellung heran. Der Hund soll der Bewegung von Anfang an in Fußposition folgen und ebenfalls zum Schluss in Grundstellung sitzen.

Die Schwierigkeit dieser Übung besteht darin, dass der Hund, wie bei allen Linksdrehungen auf der Stelle, eine Rückwärtsbewegung zeigen soll. Erläutert wurde dieser Ablauf schon bei den Übungen für Einsteiger.

Halt – 180 Grad rechts – Halt

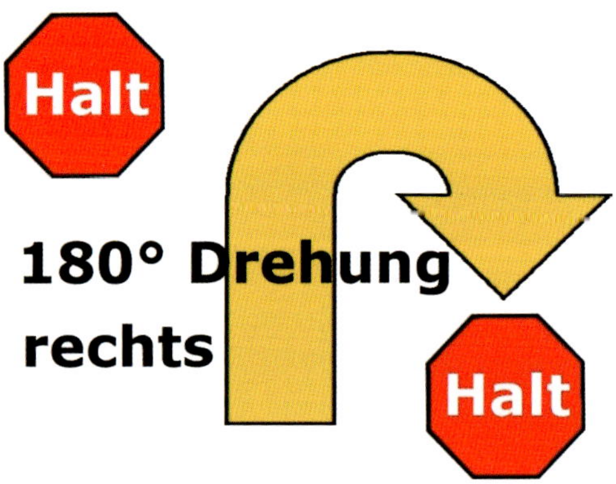

Mensch und Hund laufen auf das Übungsschild zu und halten davor an, der Hund setzt sich in Grundstellung. Der Mensch dreht sich jetzt auf der Stelle mit maximal vier Fußbewegungen um 180 Grad nach rechts und bleibt dann stehen. Der Hund führt die Drehung gleichzeitig mit dem Menschen aus und sitzt am Ende in Grundstellung.

Anders als in der 180-Grad-Drehung nach rechts bei den Übungen für Einsteiger darf diese Drehung nicht mit einem kleinen Schwung

Halt zu Beginn der Übung „Halt – 180 Grad links – Halt“.

Mensch und Hund drehen gleichzeitig auf der Stelle nach links, Maya geht dabei rückwärts.

Die Drehung geht weiter, Mayas Vorderfüße bleiben auf der Stelle.

Das zweite Halt am Ende der Übung.

aus der Bewegung heraus gearbeitet werden. Das anfängliche Anhalten stellt eine Steigerung des Schwierigkeitsgrads dar. Für den Hund heißt es, aus dem Sitzen heraus sofort in die Drehung nach rechts zu gehen und sich am Ende in der Grundstellung wieder zu setzen. Für den Hundeführer ist es eine zweimal direkt hintereinander auszuführende 90-Grad-Wendung nach rechts.

Halt – 180 Grad links – Halt

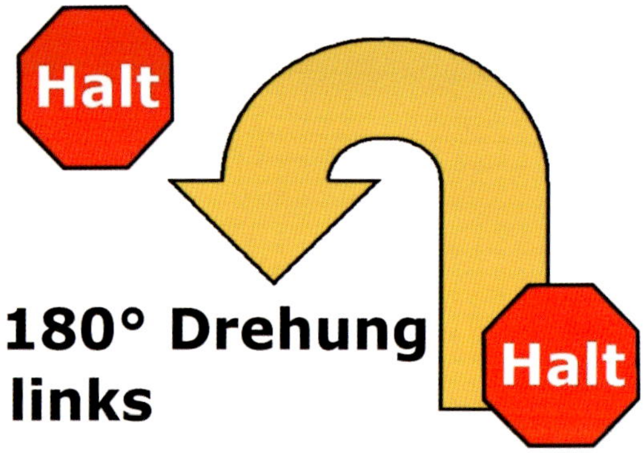

Dies ist eine der anspruchsvollsten Linksdrehungen überhaupt. Nachdem das Team vor dem Übungsschild angehalten und der Hund die Grundstellung eingenommen hat, dreht der Mensch sich mit höchstens vier Fußbewegungen um 180 Grad nach links. Der Hund folgt dieser Wendung aus dem Sitzen heraus mit einer Rückwärtsbewegung, wodurch er die Fußstellung zum Menschen hält. Letztendlich nimmt er neben dem Menschen die Grundstellung im Sitz ein.

Während die Drehung für den Menschen nicht schwieriger ist als die Rechtsdrehung, stellt sich für den Hund wiederholt die Aufgabe, dem Menschen aus der sitzenden Position rückwärts in Fußposition zu folgen. Bis dieser Ablauf flüssig klappt, sollte der Hundeführer großzügig bemessene Übungszeit einplanen, um seinen Teampartner nicht zu überfordern. Er sollte durch einen überlegten, auf den eigenen Hund abgestimmten Trainingsaufbau dafür sorgen, dass der Hund diese Übung gern und begeistert zeigt.

Unterschiedliche Trainingsmethoden sind bei der Drehung um 360 Grad nach links beschrieben.

Halt – 180 Grad rechts und vorwärts

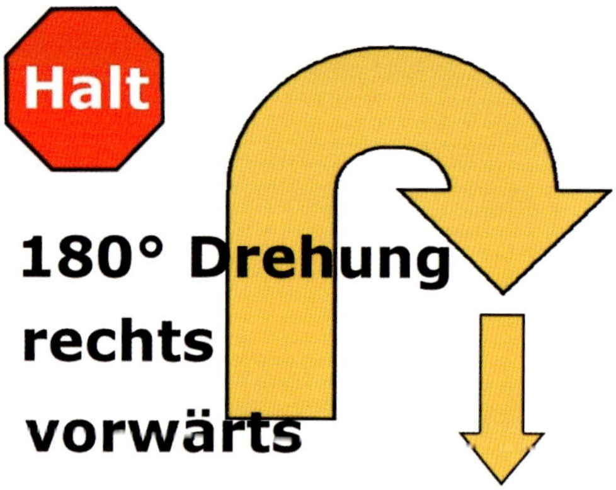

Hundeführer und Hund laufen gemeinsam auf das Übungsschild zu und halten in Grundstellung davor an. Der Mensch dreht sich nun auf der Stelle mit höchstens vier Fußbewegungen um 180 Grad nach rechts und geht danach sofort in die neue Richtung weiter. Der Hund führt die Wendung gleichzeitig mit dem Menschen aus, wobei er immer in Fußposition bleibt.

Es sind die kleinen Varianten im Vergleich zu den anderen Drehungen um 180 Grad, die den Menschen bei dieser und der im Folgenden beschriebenen Übungen fordern. Das Team soll am Ende dieser Übungen sofort weitergehen, der Hund darf sich nicht setzen. Und genau das ist die Gefahr bei den beiden Übungen. Eine klare und unmissverständliche Körpersprache ist notwendig, die dem Hund signalisiert, dass er weiter in Bewegung bleiben soll. Der Mensch muss deshalb nach der Drehung wirklich sofort, ohne zu zögern, den ersten Schritt machen.

Halt – 180 Grad links und vorwärts

Das Team läuft auf das Übungsschild zu und hält in Grundstellung davor an. Der Mensch fordert den Hund auf, sich ihm in Fußposition anzuschließen, und dreht sich dann auf der Stelle um 180 Grad nach links. Der Hund bleibt dabei in Fußposition, er folgt der Drehung mit einer Rückwärtsbewegung. Sobald die Drehung abgeschlossen ist, laufen beide in die Richtung weiter zur nächsten Übungsstation, aus der sie ursprünglich gekommen sind.

Wie bereits bei der vorigen Übung besteht auch hier die Gefahr, dass der Hund sich nach der Drehung hinsetzt.

Manche Hundeführer arbeiten gern sehr dicht an den Schilderhaltern. Linksdrehungen sollten prinzipiell mit ein wenig mehr Abstand zu den Haltern gearbeitet werden, besonders dann, wenn der Hund etwas größer ist. Bei der Rückwärtsbewegung besteht sonst die Gefahr, dass der Hund den Schilderhalter rammt, umstößt oder überspringt.

Halt – Schritt zur Seite rechts – Halt

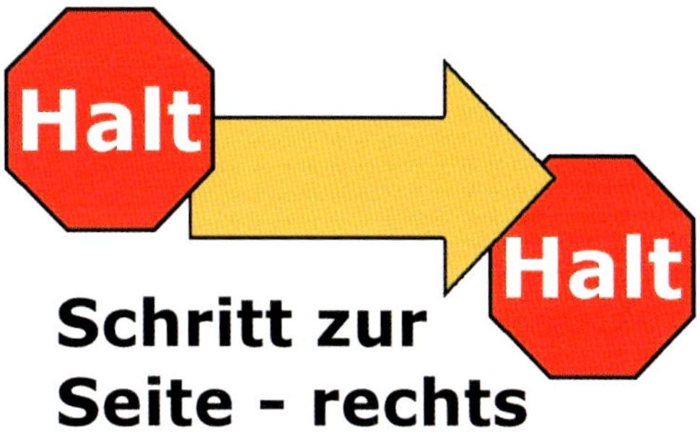

Mensch und Hund halten vor dem Übungsschild in Grundposition an, denn es handelt sich um eine Richtungsänderung. Der Mensch macht nun einen deutlichen Schritt nach rechts. Der Hund erhält die Aufforderung, der nun folgenden Bewegung zur Seite zu folgen. Der Mensch zieht den anderen Fuß zur Grundstellung heran, der Hund setzt sich in Fußposition neben den Menschen.

Es mag überraschen, dass diese Übung zu denen für Fortgeschrittene gehört, aber sie sollte nicht unterschätzt werden. Den Beginn der Übung bemerkt der Hund kaum, weil der Mensch den Schritt mit dem abgewandten Bein nach rechts macht. Erst in dem Moment, wenn der Mensch den linken Fuß nachzieht, muss der Hund aus der sitzenden Position, idealerweise seitlich, nach rechts folgen und sofort an der richtigen Stelle wieder die Grundstellung einnehmen.

Der Mensch kann die Bewegung gegebenenfalls unterstützen, indem er wie bei der Übung „Hund linksherum – Halt" mit dem linken Arm eine kreisförmige Bewegung nach hinten ausführt und dem Hund dadurch das Einnehmen der Grundstellung erleichtert.

Bleibübungen

Die Gemeinsamkeit dieser anspruchsvollen Übungen für Fortgeschrittene ist, dass der

Das Team hält an.

Der Mensch entfernt sich vom Hund.

Hund den Auftrag erhält, in einer bestimmten zuvor eingenommenen Position zu verharren, während der Hundeführer sich entfernt. Allen Bleibübungen folgt zwingend ein zweites Schild als nächste Station, meistens wird eine Abrufübung gefordert.

Halt – Weggehen

Mensch und Hund halten aus dem Bei-Fuß-Gehen heraus links neben dem Schild an. Der Hund setzt sich in Grundstellung. Der Mensch fordert seinen Hund auf, in dieser Position zu bleiben, und geht dann weiter zur nächsten Übungsstation.
Der Übung folgt immer eine Abruf- oder Distanzübung.

Auch wenn sie sehr unspektakulär aussehen mag, so ist diese Übung doch für viele Hunde eine schwierige Aufgabe. Sie müssen es aushalten, dass ihr Hundeführer sich mehrere Schritte von ihnen entfernt und dass er ihnen dabei den Rücken zuwendet. Trotz fehlender Augenkontrolle sollen die Hunde in der vorher eingenommenen Sitzposition bleiben. Das fällt anfangs doch recht schwer.

Wenn Hunde das Weggehen ihres Menschen noch gar nicht dulden, dann sollten sie das in vielen, sehr kleinen Lerneinheiten üben dürfen. Anfangs entfernt sich der Mensch höchstens einen oder zwei Schritte und kommt anschließend sofort rückwärts wieder neben den Hund. Hat dieser sich nicht von der Stelle bewegt, belohnt der Mensch ihn begeistert und großzügig für das Warten.

In dieser Trainingsphase tut ein kleiner Handspiegel gute Dienste, der wie ein Autorückspiegel eingesetzt wird. Damit kann man auch ohne Helfer trainieren und sofort sehen, ob der Hund sitzen geblieben ist.

Eine andere Hilfe wäre ein großer Spiegel, wie er in manchen Reithallen zu finden ist, oder alternativ das eigene Wohnzimmerfenster, wenn das Training auf der Terrasse im Garten stattfinden kann. Ist das nicht möglich, bieten sich (am Wochenende) die großen Schaufensterflächen von Supermärkten an. Der Mensch arbeitet auf die spiegelnde Fläche zu, sodass er sich nach dem Hörzeichen nicht zum Hund umzudrehen braucht und dennoch sieht, ob dieser sitzen bleibt oder aufsteht. Wesentlich ist, dass der Hund lernt: Auch wenn sein Mensch ihm den Rücken zukehrt, so bemerkt er doch, ob der Hund seinen Auftrag erfüllt oder sich darüber hinwegsetzt.

Die Anzahl der Schritte, die sich der Mensch entfernt, sollte nur so langsam gesteigert werden, dass der Hund die Vergrößerung der Distanz gelassen hinnehmen kann. Es ist unumgänglich, dass der Mensch seinen Hund gut beobachtet, um festzustellen, ab welchem Punkt dieser unruhig wird.

Sobald der Hund aufsteht, geht der Mensch zu ihm zurück, bringt ihn wieder in die Ausgangsposition und beginnt die Übung noch einmal von vorn, wobei er die Distanz wieder verringert. Es sollte selbstverständlich sein, dass die Belohnung und das Lob überschwänglich ausfallen müssen, wenn die Übung nun erfolgreich beendet wird.

Anhalten – Platz – Weggehen

Aus dem Bei-Fuß-Gehen heraus hält das Team links neben dem Schild an. Der Hundeführer fordert seinen Hund auf, sich direkt hinzulegen, ohne sich zuvor zu setzen. Er fordert ihn zum Bleiben auf, danach entfernt er sich und geht weiter zur nächsten Übungsstation.

Dieser Übung folgt immer eine Abruf- oder Distanzübung.

Im Vergleich zur vorherigen Übung kommen nun weitere Anforderungen hinzu. Der Hund soll sich aus dem Gehen heraus sofort hinlegen. Das bedeutet, Hinter- und Vorderbeine müssen gleichzeitig gebeugt werden. Der Hundeführer kann hier helfen und unterstützen, indem er seinen Oberkörper zum Hund wendet und zusätzlich ein Handzeichen gibt. Sollte ein Hund Schwierigkeiten haben, so ist in der Lernphase der Griff zum Futter erlaubt, um den Hund mit dem Futter in der Hand in die liegende Position zu bringen.

Für das Entfernen des Hundeführers gelten die gleichen Trainingshinweise, wie sie für die vorherige Übung beschrieben sind.

Bei der Übung „Halt – Bleib – Im Winkel weggehen" geht der Mensch nach dem Anhalten nicht geradeaus, sondern schräg nach rechts oder links weg vom Hund.

Halt – Bleib – Im Winkel weggehen

Das Team hält links vom Übungsschild an, der Hund sitzt in Grundstellung. Nachdem der Mensch dem Hund aufgetragen hat zu bleiben, entfernt er sich von der Übungsstation. Diesmal geht er nicht geradeaus, sondern schräg im Winkel entweder nach rechts oder links, abhängig davon, wo die folgende Übungsstation aufgebaut ist.

Diesem Schild können die Übung „Umdrehen – Abrufen aus Winkel in Vorsitz", „Ohne Umdrehen bei Fuß rufen" oder „Umdrehen – Abrufen bei Fuß" folgen.

Das Training entspricht dem für die Übung „Halt – Weggehen".

Umdrehen – Zurück zum Hund

An dieser Übungsstation ist ausschließlich der Hundeführer aktiv, der Hund ist passiv, aber dennoch ist er gefordert. Der Mensch wird bei diesem Schild ankommen, nachdem er den Hund bei einer vorherigen Übung mit dem Bleibkommando zurückgelassen hat und weitergegangen ist. Jetzt soll er sich umdrehen, ohne Anhalten zurückgehen zum Hund und sich in Grundposition rechts neben ihn stellen.

Während der Mensch auf diese Übungsstation zuläuft und während er zum Hund zurückgeht, soll der Hund bleiben, wie er verlassen wurde. Darum hat dieses Übungsschild seinen Platz bei den Bleibübungen für den Hund gefunden.

Der heikelste Moment bei dieser Übung ist der, wenn der Mensch sich wieder zu seinem Hund umdreht. In der Lernphase sollte der Mensch vermeiden, dem Hund genau dann in die Augen zu schauen. Viele Hunde verstehen den direkten Blick in die Augen als Aufforderung zum Herankommen. Darum sollte der Hundeführer, während er sich umdreht, ganz bewusst am Hund vorbeischauen. Am besten fixiert er einen vorher ausgesuchten Punkt oder Gegenstand. Unterstützend kann er den Hund dafür loben, dass er die Position beibehält.

Abrufübungen

Eine ganz eigene Kategorie innerhalb der Rally-Obedience-Übungen sind die Abrufübungen. Sie bilden den zweiten Teil einer zuvor ausgeführten Bleibübung. Die Abrufübungen untergliedern sich in drei unterschiedliche Arten:

- Abrufübungen in den Vorsitz
- Abrufübungen in die Fußposition
- Distanzübungen

Umdrehen – Abruf in Vorsitz

Ist der Hundeführer vor diesem Schild angekommen, dreht er sich um und ruft seinen Hund heran in den Vorsitz. Die Übung wird generell mit einem der bereits beschriebenen Zusatzschilder beendet: Hund rechtsherum – Halt, Hund linksherum – Halt, Hund rechtsherum – Vorwärts oder Hund linksherum – Vorwärts.

Nachdem der Mensch seine Position eingenommen hat, während er den Hund ruft und dieser sich vor ihn setzt und die Übung durch Befolgen eines entsprechenden Zusatzschilds abschließt, darf der Mensch seine Füße nicht mehr bewegen.

Ganz ähnlich wie schon bei der letzten Übung beschrieben, besteht an dieser Station die Gefahr, dass der Hund zu früh startet, weil sein Mensch ihm nach dem Umdrehen in die Augen geschaut hat. Es ist hilfreich, betont gleichgültig und für den Hund deutlich erkennbar zu anderen, vom Hund weit entfernten Dingen zu schauen, bevor er herangerufen wird.

Der Weg des Hundes beim Abruf aus einem Winkel heraus.

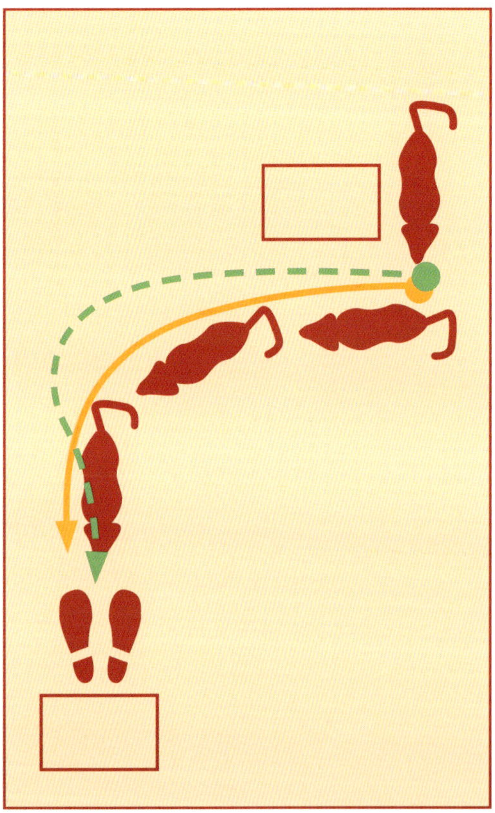

Umdrehen – Abrufen aus Winkel in Vorsitz

Der Hundeführer dreht sich direkt vor diesem Übungsschild um und ruft dann seinen Hund in die Vorsitzposition. Die Entfernung des Schildes zum vorhergehenden beträgt mindestens 3 Meter. Zusätzlich ist das Schild nicht in gerader Laufrichtung positioniert, sondern ungefähr 1,8 Meter nach rechts oder links

Nayla startet nach dem Abruf.

Der ausgestreckte Arm führt den Hund in einen Bogen.

Der Arm wird herangezogen und lenkt den Hund in Frontposition.

Mit dem Vorsitz schließt die Übung ab.

versetzt. Um den Vorsitz korrekt ausführen zu können, muss der Hund also aus einem Winkel heraus zu seinem Menschen laufen. Wie bei allen Vorsitzübungen darf der Mensch seine Füße nicht mehr bewegen, während der Hund arbeitet. Die Übung wird durch ein Zusatzschild abgeschlossen.

Wie auf der Skizze verdeutlicht wird, steht der Hundeführer gerade vor dem Schild, das heißt, seine Füße zeigen nicht zum Hund. Der häufigste Fehler bei dieser Übung ist, dass der Hund schräg vorsitzt.

Um dem Hund zu helfen, gerade vorzusitzen, kann der Hundeführer ihm die Arme entgegenstrecken und damit einen angedeuteten Viertelkreis beschreiben. Er zeigt auf diese Weise ungefähr den Verlauf des Bogens, den der Hund zu laufen hat, und unterstützt ihn so beim gerade „Einparken".

Sollte der Hund weiterhin schief sitzen, so hilft es manchen Hunden, wenn der Hundeführer nur seinen linken Arm benutzt, den er gegebenenfalls noch weiter zur Seite führt. Findet der Abruf spiegelbildlich zur anderen Seite statt, benutzt der Mensch nur den rechten Arm. Besonders große Hunde sind für diese Art der Führhilfe dankbar.

Halt – Wegrennen – Abrufen in Vorsitz aus Laufschritt

Pamela startet mit hohem Lauftempo.

Die letzte Abrufübung mit Vorsitz ist sicherlich auch die schwierigste für den Hund.

Das Team hält links vom Schild an, der Hund sitzt in Grundstellung. Der Mensch fordert seinen Hund auf, zu bleiben oder zu warten, und läuft dann weg vom Hund in Richtung der nächsten Übungsstation. Nach zwei bis drei Laufschritten ruft er seinen Hund aus dem Lauf heraus in den Vorsitz. Der Hund soll sofort losrennen. Erst wenn er fast neben dem Hundeführer angekommen ist, hält dieser an und darf dann noch bis zu maximal vier Schritte rückwärtsgehen, um dem Hund zu helfen, den Vorsitz einzunehmen. Natürlich darf er während des Vorsitzes die Füße nicht bewegen. Der Mensch muss seine Laufgeschwindigkeit der seines Hundes so anpassen, dass er ihn einholen kann.

Die Übung wird durch eines der Zusatzschilder abgeschlossen.

Mit dieser Aufgabe fordert der Mensch von seinem Hund eine durch und durch funktionie-

Der Hund hat den Menschen eingeholt, der geht jetzt in die Rückwärtsbewegung.

Der Vorsitz schließt diesen Übungsteil ab.

rende Impulskontrolle. Es ist für den Hund ein fast unwiderstehlicher Reiz, wenn sein Mensch mit Tempo von ihm wegrennt. Aber er soll diesem Impuls widerstehen und warten, bis er die Erlaubnis bekommt zu folgen.

Das Training dieser Übung nimmt vor allem bei Hunden, die flink und bewegungsfreudig sind, etwas Zeit in Anspruch.

Zwei Besonderheiten vorweg: Bei dieser Übung wird in der Regel nur das schnelle Weglaufen des Menschen und das ruhige Bleiben des Hundes trainiert. Der Vorsitz ist längst geübt und gehört zum Standardrepertoire des Hundes, braucht also nicht extra geübt werden. Die zweite Besonderheit ist, dass der Hund immer „nach hinten" belohnt wird. Er bekommt sein Futter entweder an der Ausgangsposition oder es wird hinter ihn geworfen, sodass er noch weiter zurückmuss, um sich die Belohnung zu holen. Dadurch soll verhindert werden, dass sich der Hund selbst belohnt, indem er unerlaubt seinem Menschen folgt und dessen Nähe als Belohnung empfinden kann.

Zu Anfang sollte der Mensch sein Bleibkommando energisch aussprechen und sich dann nur ein bis zwei Schritte in schnellem Schritttempo entfernen. Das reicht als Bewegungsreiz aus, um den Hund langsam an die Aufgabe heranzuführen. Ist der Hund geblieben, geht der Mensch zurück und belohnt ihn wie oben beschrieben. Ganz langsam erhöht der Mensch die Geschwindigkeit, in der er den Hund verlässt. Aus zügigem Schritt des Menschen werden erst Eilschritt, dann angedeutetes Laufen, Dauerlauf und schließlich Laufen in schnellem Tempo. Es ist völlig ausreichend, nur ein bis zwei Schritte zu trainieren, denn es ist in erster Linie die Geschwindigkeit, die den Reiz auf den Hund ausübt, und nicht die zurückgelegte Entfernung.

Hier ist es förderlich, gemeinsam mit einem Helfer zu trainieren, der dem Menschen sofort signalisiert, ob der Hund seine Aufgabe erfüllt

Maya startet zur Übung „Umdrehen – Abruf bei Fuß".

Der Mensch wird umlaufen.

Ohne anzuhalten läuft der Hund sofort bei Fuß weiter.

hat oder nicht. Der Helfer sollte Mensch und Hund gegenüberstehen, dann kann er sowohl den Hund beobachten als auch dem Menschen durch Handzeichen anzeigen, wenn der Hund aufsteht.

Ohne Umdrehen bei Fuß rufen

Ohne Umdrehen bei Fuß rufen

Der Hundeführer hält links vom Übungsschild an. Jetzt ruft er seinen Hund in die Fußposition. Sobald der Hund neben ihm angekommen ist, gehen beide weiter zum nächsten Schild, ohne dass der Hund sich zuvor gesetzt hat. Der Mensch darf seine Füße nicht bewegen, er darf nur den Kopf und den Oberkörper wenden, nach hinten blicken und seinen Hund beim Abruf anschauen.

Dieser Abruf wirkt auf den ersten Blick sehr einfach, aber er hat auch seine Tücken. Erst in dem Moment, wenn der Hund tatsächlich am Knie des Menschen angekommen ist, darf dieser losgehen. Geht er hingegen zu früh los, wurde die Aufgabe fehlerhaft vorgeführt. Wartet er zu lange, wird sich der Hund möglicherweise setzen, was auch fehlerhaft wäre. Hier muss also der Mensch durch genaues Beobachten ein Gespür für den richtigen Moment des Losgehens entwickeln, um die Übung korrekt ausführen zu können.

Umdrehen – Abruf bei Fuß

Der Mensch hält vor dem Schild an und dreht sich um mit Blick zurück zum Hund. Danach ruft er seinen Hund in die Fußposition. Sobald der Hund am linken Knie des Menschen angekommen ist, gehen beide, ohne dass der Hund sich gesetzt hat, weiter zur folgenden Übungsstation.

Die zweite der beiden Abrufübungen bei Fuß ist wieder eine Richtungsänderung, wird also vor dem Übungsschild ausgeführt.

Dem Hund stehen zwei Wege offen, in die Fußposition zu laufen: Entweder er geht direkt zur linken Seite des Hundeführers, dreht sich dort um 180 Grad und „klappt" so direkt an das Bein des Menschen heran. Oder er geht an der rechten Seite des Menschen vorbei, umkreist ihn und kommt so in die Grundposition.

Drei Dinge gilt es bei dieser Übung zu beachten: Erstens soll ein Frühstart des Hundes vermieden werden. Der Mensch sollte deshalb, wie schon beschrieben, dem Hund erst dann in die Augen schauen, wenn er ihn abruft. Andernfalls könnte der Hund den Blick als Aufforderung fehlinterpretieren. Zweitens muss der Abstand, in dem der Mensch vor dem Übungsschild steht, großzügig bemessen sein, denn nicht alle Hunde werden zum Einnehmen der Fußposition direkt an das Bein des Hundeführers „heranklappen". Manche Hunde werden den Hundeführer umkreisen. Darum sollte ausreichend Platz sein, damit der Hund beim Einnehmen der Fußposition das Schild nicht rammen kann. Drittens bedarf es eines guten Timings, damit sich der Hund in der Fußposition nicht setzt, sondern das Team weitergeht.

Distanzübungen sind noch anspruchsvoller als alle bisher beschriebenen Abrufübungen. Der Hund ist von seinem Hundeführer entfernt an einer Übungsstation oder auf dem Weg zum Hundeführer. Dort erhält er den Auftrag, eine bestimmte Position einzunehmen. Und genau darin liegt die Schwierigkeit. Auch in der Entfernung sollen Aufträge des Menschen ernst genommen und möglichst korrekt ausgeführt werden. Das verlangt einen kleinschrittigen und natürlich positiv verknüpften Aufbau dieser Übungen.

Umdrehen – Abruf in Platz – Abruf in Vorsitz

Der Mensch hält vor dem Schild an und dreht sich zum Hund um. Nun ruft er seinen Hund. Ist dieser etwa in der Mitte der Strecke angekommen, fordert der Mensch ihn auf, die Platzposition einzunehmen. Spätestens nach zwei Dritteln der Laufstrecke sollte der Hund liegen. Hat der Hund das Kommando ausgeführt, ruft der Mensch ihn in den Vorsitz.

Paddy wartet auf den Abruf.

Auf dem Weg zum Frauchen.

Der Auftrag „Platz“ wird an Ort und Stelle befolgt.

Diese Übung wird mit einem Zusatzschild abgeschlossen.

Wenn begonnen wird, diese Aufgabe zu trainieren, werden die meisten Hunde erst direkt bis zu ihrem Menschen laufen und sich bestenfalls dort hinlegen. Sie haben den Abruf bisher so gelernt, dass sie so schnell wie möglich zu Ihrem Menschen kommen sollen. Der Mensch sollte darum nicht ärgerlich werden, wenn der Hund schnell kommt. Wie aber vermitteln wir dem Hund nun, dass er ein ordentliches Stück von uns entfernt eine Übung zeigen soll? Auch dafür gibt es mehrere Trainingshilfen, von denen einige hier beschrieben werden sollen.

Hat der Hund das Herankommen mit einem bestimmten Wort gelernt, dann ist zu überlegen, ihn jetzt mit einem anderen Wort zu rufen. Heißt sein Herankommwort beispielsweise „Hier“, könnte er jetzt einfach mit seinem Namen gerufen werden. Er lernt, nach „Hier“ laufe ich bis zu meinem Menschen, nach meinem eigenen Namen laufe ich auch, aber nicht bis zum Ziel.

Um den Hund in der Entfernung in die Platzposition zu bringen, kann der Mensch als körpersprachliche Hilfe gleichzeitig mit dem gesprochenen Kommando beide Arme waagerecht hochheben, ausstrecken und dem Hund die Handflächen zeigen. Diese Geste wirkt auf viele Hunde sehr distanzierend, sie bleiben weiter entfernt.

Sollte das nicht ausreichen, so kann der Mensch dem Hund auch in der gerade beschriebenen Haltung so lange entgegengehen, bis der Hund liegt. Anschließend geht der Mensch zurück in seine Ausgangsposition.

Beide Varianten sind für den Hund sehr anstrengend; sensible Hunde empfinden Stress, wenn sie von ihrem Menschen auf diese Weise ferngehalten werden. Ein stabiles Vertrauensverhältnis zum Hund ist darum Voraussetzung dafür, diese Trainingsmethode zu benutzen.

Nayla läuft nach der Beendigung der Übung zu ihrem Herrchen.

Es besteht auch die Möglichkeit, zwischen Mensch und Hund ein Hindernis aufzustellen, etwa einen Stuhl, eine Bank, ein quer gestelltes Brett oder mehrere Pylonen. Der Mensch steht beim Abruf anfangs unmittelbar hinter dem Hindernis. Im Lauf des Trainings geht er immer weiter zurück, bis die gewünschte Entfernung erreicht ist. Das Hindernis wird dann mit fortschreitendem Training langsam zur Seite geschoben und endlich nur durch seitliche Positionshilfen ersetzt.

Es sollte selbstverständlich sein, dass der Hund überschwänglich gelobt und belohnt wird, wenn er den Auftrag gut ausgeführt hat. Die Belohnung muss dabei unbedingt entweder an der Stelle erfolgen, an der der Hund im Platz liegt, damit er genau diese Stelle positiv verknüpft, oder nach hinten, um zu verhindern, dass der Hund vorwärtskrabbelt.

Die weiteren Teile dieser Übungsstation, der Vorsitz und auch das abschließende Zusatzschild, wurden bereits im Vorfeld trainiert. Es reicht also aus, sich im Training auf den entscheidenden ersten Teil zu beschränken.

Umdrehen – Platz aus Entfernung – Sitz aus Entfernung – Abrufen in Vorsitz

Vor dem Übungsschild hält der Hundeführer an und dreht sich zu seinem Hund um. Jetzt gibt er seinem Hund das Signal, in die Platzposition zu gehen. Hat dieser die Position eingenommen, bekommt er den Auftrag, sich wieder aufzusetzen. Beide Aufgaben sind vom Hund direkt an der Übungsstation auf der Stelle auszuführen. Danach ruft der Mensch ihn in den Vorsitz.

Die Übung muss mit einem Zusatzschild abgeschlossen werden.

Auch diese Aufgabe verlangt dem Hund eine Menge ab, denn er soll die Aufträge des Hundeführers auf Distanz ausführen und nicht wie sonst üblich in dessen unmittelbarer Nähe. Der erste „gefährliche" Moment ist der, in dem sich der Mensch umdreht. Es gilt, wie schon mehrfach gesagt, dem Hund nicht in die Augen zu schauen. Für das Platzkommando kann der Mensch zur Verstärkung einen oder auch beide Arme nach vorn strecken. Das Kommando gibt er mit zum Boden zeigender Handfläche. Zusätzlich kann er dabei auch noch leicht in die Hocke gehen, um damit die Abwärtsbewegung des Hundes zu begleiten.

Um diese Übung erlernen, kann das Team unterschiedliche Wege gehen. Zwei Varianten sollen hier genauer beschrieben werden.

Bei der ersten Variante beginnt der Mensch die Übung direkt vor dem Hund; zwischen beiden liegt noch keine Distanz. In einem zweiten Trainingsschritt entfernt sich der Mensch nun ein bis zwei Schritte vom Hund und gibt dem Hund von dort aus den Auftrag, sich zuerst hinzulegen, und anschließend den Auftrag, sich wieder aufzusetzen. In den folgenden Trainingseinheiten wird die Entfernung zum Hund so lange vergrößert, bis sie dem Abstand zwischen den jeweiligen beiden Übungsstationen entspricht.

In der zweiten Trainingsvariante geht der Mensch davon aus, dass der Hund sowohl das Platz- als auch das Bleibkommando als Voraussetzung längst gelernt hat und auf jeden Fall befolgen wird. Der Mensch gibt das Signal für das Platz also direkt aus der Entfernung.

Reagiert der Hund nicht, muss der Mensch ein Stück näher an ihn herangehen und den Auftrag wiederholen, denn in dem Fall hat ihn der Hund nicht verstanden. Die Distanz wurde zu schnell vergrößert. Welche Entfernung richtig ist, erkennt der Mensch daran, dass der Hund die Aufgabe korrekt erfüllt und sich hinlegt. Die Übungsausführung auf diese Entfernung sollte im Training sehr gut gefestigt werden, bevor der nächste Schritt erfolgen kann und die Distanz langsam vergrößert wird. Als letzter Schritt in diesem Übungsteil kann der Einsatz der körpersprachlichen Hilfen abgebaut werden. Die Gesten dürfen kleiner ausfallen, das In-die-Hocke-Gehen kann wegfallen, schließlich reicht das ausgesprochene Kommando.

Im zweiten Teil der Übung soll sich der Hund aus der Platzposition aufrichten in die Sitzposition, während der Mensch ungefähr 3 Meter von ihm entfernt steht. Das ist schwieriger, als es aussieht. Der Hund muss beim Einnehmen der Sitzposition an der Stelle bleiben, wo er ist, und darf sich dem Menschen nicht nähern. Das Kommando „Sitz" erhält der Hund in der Regel dann, wenn er steht. Es bedeutet für ihn also eine Abwärtsbewegung. Aus der liegenden Position muss er nun aber eine Aufwärtsbewegung ausführen, um zum Sitzen zu kommen. Da reicht das Sitzkommando allein wahrscheinlich nicht aus, um dem Hund verständlich zu machen, was er tun soll.

Eine Möglichkeit ist, ein neues Hörzeichen einzuführen, zum Beispiel „Auf" oder „Hoch". Hierbei kann der Hundeführer wieder durch Einsatz von Körpersprache Unterstützung und Hilfestellung geben. Während er das Hörzeichen zum Aufsetzen gibt, geht der Hundeführer leicht in die Hocke und streckt beide Arme mit nach unten zeigenden Handflächen nach vorn aus. Dann dreht er die Handflächen nach oben und richtet sich wieder auf. Die Bewegung sieht aus, als würde er einen großen Ball vom Boden aufheben. Für den Hund ist diese Aufwärtsbewegung eine optische Hilfe, die ihn bei der Ausführung seiner Aufgabe begleitet.

Reicht das noch nicht aus und der Hund bleibt weiter liegen, sollte der Mensch auf keinen Fall ärgerlich auf ihn werden, denn der Hund hat einfach noch nicht verstanden, was von ihm erwartet wird. Als weitere Körperhilfe kann der Mensch einen oder mehrere Schritte auf den Hund zugehen, bevor er das Hörzeichen „Sitz" in Verbindung mit der zusätzlichen Bewegung gibt. Unter Umständen geht er sogar bis direkt vor seinen Hund, denn spätestens dann stehen die allermeisten Hunde auf. Das bedeutet für die folgenden Trainingseinheiten, dass nach der Festigung der Aufwärtsbewegung die Anzahl der Schritte in Richtung Hund reduziert wird. Anschließend werden, wie oben beschrieben, die Gesten kleiner, bis letztendlich das reine Hörzeichen ausreicht. Für Hunde, die von Anfang an das Sitzkommando nicht nur aus der Stehposition, sondern auch aus der Platzposition heraus erlernt haben, sollte diese Übung kein Problem darstellen.

Der Abruf in den Vorsitz und der Abschluss durch ein Zusatzschild sind bereits im Vorfeld trainiert und geübt worden.

Sprünge über Hürden

Der Sprung über die Hürde ist für viele Hunde ein großes Vergnügen, kann aber manchen Hundeführer auch zur Verzweiflung bringen. Sprünge sind in den Parcours für fortgeschrittene Rally-Obedience-Sportler zu finden und sollten darum gut und sicher antrainiert werden.

Der Laufweg des Hundeführers führt direkt neben der Hürde vorbei.

Hund über Hürde – Mensch dicht nebenher

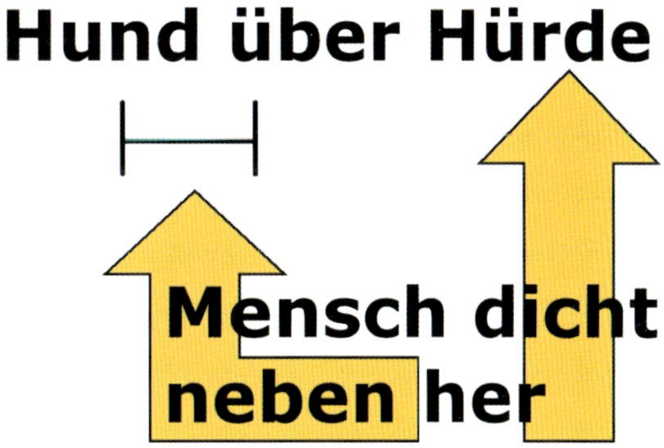

Das Schild kann sich auf der rechten oder linken Seite des Teams befinden. Die Übung beginnt in ungefähr 4,5 bis 6 Metern Entfernung von der Hürde. Der Mensch fordert den Hund auf, über die Hürde zu springen. Er selbst geht oder läuft dabei dicht an der Hürde vorbei. Nach dem Sprung ruft der Mensch den Hund wieder in Fußposition und geht gemeinsam mit ihm weiter zur nächsten Übungsstation. Wenn der Hund viel schneller ist als der Mensch, darf dieser ihn zu sich zurückrufen. Die Höhe der Hürde ist abhängig von der Größe des Hundes:

- 10 Zentimeter bei einer Schulterhöhe unter 30 Zentimetern
- 20 Zentimeter bei einer Schulterhöhe ab 30 bis unter 40 Zentimeter
- 30 Zentimeter bei einer Schulterhöhe ab 40 bis unter 50 Zentimeter
- 40 Zentimeter bei einer Schulterhöhe ab 50 Zentimetern

Ist das Team erfahren im Agility, sind weitere Erklärungen überflüssig. Ist der Sprung für den Hund neu, braucht er Anleitung in kleinen Schritten, die ihn nicht überfordern.

Die Hürde darf im Rally Obedience offen oder geschlossen sein. Welche auch immer im Training benutzt wird, anfangs sollte sie niedrig aufgestellt sein. Der Mensch geht mit dem Hund zur Hürde und springt gemeinsam mit ihm über das Hindernis. Diese Übung sollte mehrmals wiederholt werden.

Im nächsten Trainingsschritt hält sich der Mensch weiter rechts, gibt dem Hund das Hörzeichen für den Sprung, wirft mit der linken Hand ein Spielzeug oder eine besonders gute Futterbelohnung über die Hürde und geht oder läuft selbst rechts am Hindernis vorbei. Führt der Hund den Sprung aus, soll er zusätzlich zum Futter oder Spielzeug begeistertes Lob bekommen. Die geworfene Belohnung sollte weit genug hinter der Hürde auf dem Boden landen, damit der Hund seinen Sprung auch ungehindert ausführen kann.

Erst dann, wenn der Hund nach mehreren Trainingseinheiten ohne zu zögern über die Hürde springt, kann begonnen werden, das Werfen des Futters oder Spielzeugs abzubauen. Die Wurfhand wird jetzt zur Führhand. Der Mensch macht die gleiche Bewegung, als werfe er die Belohnung über die Hürde. Der Hund wird springen, weil er es so gelernt hat. Sofort wird er gelobt und der Mensch wirft ihm die verdiente Belohnung mit der rechten Hand zu. Diese Trainingsmethode sollte so lange eingesetzt werden, bis der Hund die Hürde mit Selbstverständlichkeit und gern überspringt.

Eine andere Trainingsvariante ist es, den Hund vor der Hürde abzusetzen. Der Mensch stellt sich hinter die Hürde, mit dem Rücken zur Hürde und zum Hund, blickt sich um und streckt seine Hand (in der natürlich eine Futterbelohnung ist) nach hinten über die Hürde und lockt so den Hund über das Hindernis.

Welche Version die passende für das Team ist, muss ausprobiert werden.

Der Schlussteil der Übung, das abschließende Rufen in die Fußposition, wurde bereits im Vorfeld erlernt.

Hund über Hürde – Mensch nebenher

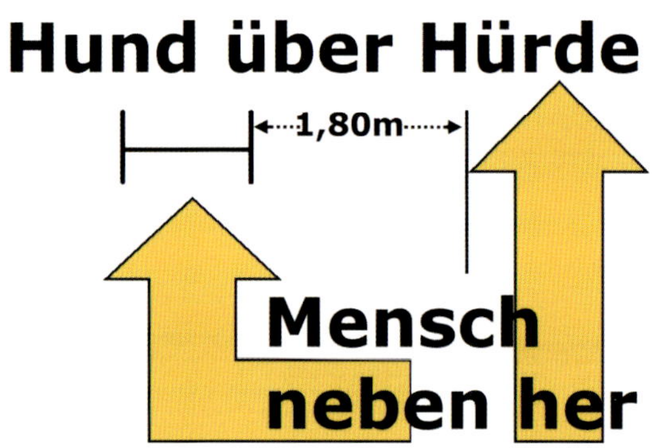

Der Hund soll über eine offene oder geschlossene Hürde springen. Beginn dieser Übung ist rechts oder links vom Schild im Abstand von

Flynn löst sich vom Bein seines Frauchens, um den Sprung auszuführen.

Der Sprung wird ausgeführt.

Der Abstand zwischen Sprung und Laufweg des Menschen ist deutlich zu sehen.

4,5 bis 6 Metern vor der Hürde und 1,8 Metern rechts von ihr. Wenn das Team am Übungsschild angekommen ist, schickt der Mensch den Hund schräg nach links vorn zum Sprung über die Hürde. Der Mensch selbst geht geradeaus weiter. Nach dem Sprung ruft der Mensch seinen Hund wieder bei Fuß und sie gehen gemeinsam zum nächsten Übungsschild. Sollte der Hund sehr viel schneller sein als der Mensch, dann wird er zum Hundeführer zurückgerufen.

Für die Höhe der Hürde gelten die gleichen Angaben wie bereits beschrieben.

Wenn auch diese Übung der vorherigen sehr ähnlich ist, so zeigt sich der Unterschied im Training doch schnell. Der Hund soll sich von seinem Hundeführer lösen, er soll sein Tempo steigern, sich im Winkel entfernen, die Hürde überspringen, zum Hundeführer zurückkommen und sich dem Tempo des Menschen wieder anpassen.

Um den Hund an die 1,8 Meter Entfernung zu gewöhnen, sollte eine Markierungslinie auf dem Boden ausgelegt werden, die die Grenze festlegt, die der Mensch nicht übertreten darf. Das kann ein Seil, eine Slalomstange, ein Besenstiel oder eine auf den Boden gesprühte farbige Markierung sein. Anfangs befindet sich die Markierung nur 50 Zentimeter entfernt von der Hürde. Löst sich der Hund gut vom Menschen, dann wird die seitliche Entfernung in der folgenden Trainingseinheit auf 90 Zentimeter vergrößert. Nach intensivem Üben sind 1,3 Meter die nächste Stufe, bis schließlich der Mensch in einer Entfernung von 1,8 Metern an der Hürde vorbeigeht.

Halt – Weggehen zum Abruf über Hürde

Hundeführer und Hund halten direkt neben dem Schild an, das genau mittig gegenüber einer Hürde aufgestellt ist. Der Abstand zur Hürde beträgt ungefähr 3 bis 4,5 Meter. Der Hund setzt sich, der Hundeführer fordert ihn auf zu bleiben und geht dann allein weiter zum nächsten Schild, das sich gegenüber auf der anderen Seite der Hürde befindet.

Zu dieser Übung gehört zwingend noch ein zweites Schild, nämlich eine Abrufübung (zum Beispiel „Umdrehen – Abruf in Vorsitz" oder

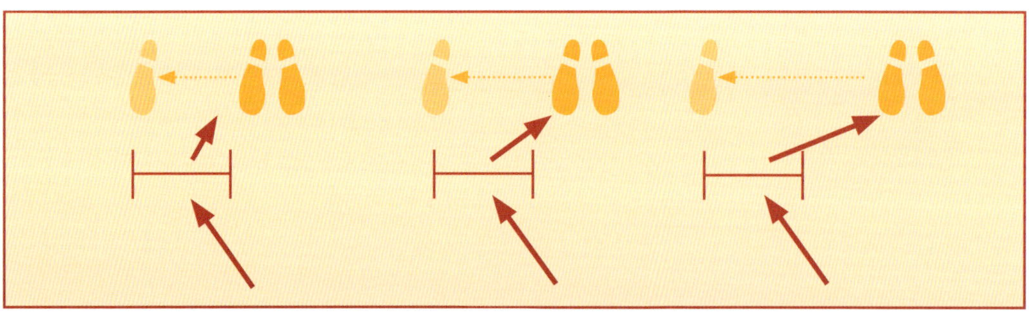

Beim Training der Übung „Halt – Weggehen zum Über-Hürde-Schicken" wird der seitliche Abstand zur Hürde stückweise erhöht.

Der Ausfallschritt verdeutlicht dem Hund, dass er den Umweg über die Hürde nehmen soll.

„Ohne Umdrehen bei Fuß rufen"), die auch separat bewertet wird.

Eigentlich ist diese Übung selbst gar keine Sprungübung, denn der Hund soll ja noch nicht springen, sondern warten. Es wäre darum auch denkbar, die Übungsstation bei den Bleibübungen einzuordnen. Da aber die Abrufübungen selbst nichts darüber aussagen, dass der Abruf über die Hürde erfolgen soll, sondern weil dieser Auftrag auf diesem Übungsschild festgelegt ist, gehört die Station zu den Sprüngen über die Hürde.

Halt – Weggehen zum Über-Hürde-Schicken

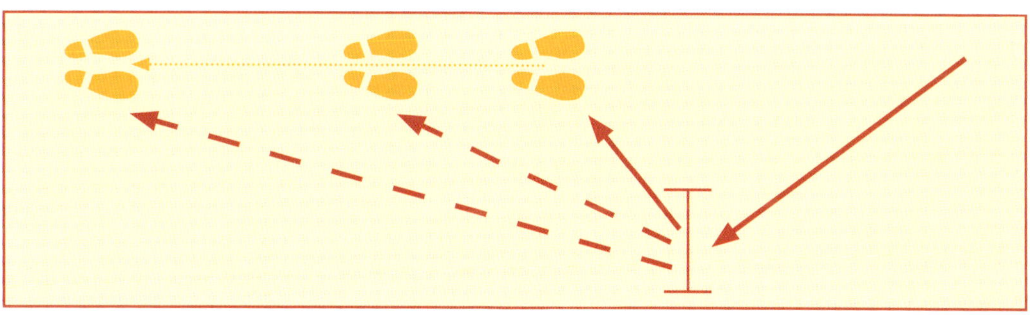

Die Entfernung hinter der Hürde darf nicht zu schnell vergrößert werden.

Wie bei allen Sprüngen über die Hürde halten Hundeführer und Hund rechts oder links vom Schild an. Das Schild befindet sich in 3 bis 4,5 Metern Entfernung vor der Hürde und ist 1,2 bis 1,8 Meter zur Seite versetzt. Der Hund sitzt in Grundstellung. Der Mensch gibt seinem Hund das Signal zum Warten und geht weiter zur nächsten Übungsstation, die den zwingenden Abschluss bildet. Das könnte eine Abrufübung sein wie zum Beispiel „Umdrehen – Abrufen aus Winkel in Vorsitz" + Zusatzübung oder „Umdrehen – Abrufen bei Fuß".
Für viele Teams ist diese Übung anfänglich diejenige, bei der die Hundeführer sich die meisten Sorgen darüber machen, ob sie klappt. Der Hund sitzt in gerader Linie zu seinem Menschen, dieser ruft ihn, aber der Hund darf nicht den kürzesten Weg zu ihm nehmen, sondern er soll einen Umweg über die Hürde laufen. Für Hunde, die erfahrene Agilitysportler sind, mag das kein großes Problem sein. Aber die meisten und vor allem unerfahrene Hunde können das nicht auf Anhieb; sie müssen es lernen.

Dazu stellt sich der Mensch zum Abruf in sehr kurzer Entfernung ohne seitliche Verschiebung hinter die Hürde und ruft den Hund ab.

Springt dieser über die Hürde, ist alles gut. Springt er nicht, so kann der Mensch ihn mit einem großen Ausfallschritt mit dem rechten Fuß nach rechts unterstützen. Sobald der Hund zum Sprung ansetzt, stellt der Mensch seinen Fuß wieder zurück.

Nimmt der Hund den Sprung jetzt ohne zu zögern, wird in den nächsten Schritten die seitliche Entfernung des Menschen zur Hürde vergrößert.

Diese Trainingsschritte werden so lange wiederholt und geübt, bis der Hund verstanden hat, was er tun soll.

Im letzten Trainingsschritt vergrößert der Mensch dann Stück für Stück den Abstand von der Hürde nach hinten, bis er an der folgenden Übungsstation angekommen ist.

Während des Trainings sollte der Mensch seinem Hund ein geduldiger und verständnisvoller Partner sein und ihm genügend Zeit lassen, die Übung wirklich in kleinen Schritten zu erlernen, denn Druck und Hektik nehmen dem Hund die Arbeitsfreude und die Motivation

Figuren

Auch im fortgeschrittenen Bereich werden von den Teams Figuren gelaufen, bei denen der Hund einerseits bei Fuß gehen soll, andererseits aber auch den provozierenden Verlockungen widerstehen soll, die in den Figuren eingebaut sind. Trotz besonders gut riechendem Futter oder attraktiven Spielsachen soll der Hund in Fußposition beim Menschen bleiben und ihm folgen.

Figur 8 mit Ablenkung

In der Übung „Figur 8 mit Ablenkung" stehen vier Schalen in Form einer Raute auf dem Boden. Die Längsachse soll 3 Meter lang sein, die Querachse 1,5 Meter lang. In die Schalen werden als Ablenkung kräftig duftendes Futter und Spielzeug gefüllt. Um die Hunde daran zu hindern, an den Inhalt zu gelangen, müssen die Schalen mit Abdeckungen gesichert werden, durch die sowohl der Duft ungehindert nach außen dringen kann als auch Futter und Spielzeug für den Hund noch sichtbar sind. Als Abdeckungen eignen sich beispielsweise Drahtkörbe oder Drahtgeflecht.

Das Übungsschild findet das Team entweder direkt neben einer der Futterschüsseln oder in der Nähe der Figur. Der Laufweg ist der gleiche wie bei der „Figur 8 ohne Ablenkung". Rechts vom Übungsschild betritt das Team die Figur, durchschreitet die Mitte, um dann die Schüsseln der Längsachse in Form einer 8 zu umkreisen. Automatisch wird das Team dabei insgesamt dreimal durch das Zentrum der Figur gehen. Die Richtung, in die es danach weitergeht, ist nicht fest vorgegeben. Sie ist abhängig davon, wie der Parcours verläuft.

Diese Übung ist für die meisten Hunde eine riesige Herausforderung. Futter und Spielzeug liegen vor ihnen auf dem Boden, das Futter duftet, die Bälle rufen förmlich „Nimm mich mit!", aber der Hund soll diesem Impuls widerstehen. Er soll nicht einmal an den Schüsseln schnüffeln, sondern sie ignorieren.

Er soll dem Impuls widerstehen, sich selbst zu belohnen; er soll lernen, sich selbst zu kontrollieren. Dazu eignet sich beispielsweise auch ein Spiel mit dem Namen „It's your choice", das ursprünglich von Susan Garrett erfunden und bekannt gemacht wurde. Es hat zunächst mit Rally Obedience überhaupt nichts zu tun, erweist sich aber als große Hilfe bei allen Übungen zur Futterverweigerung. Und das geht so:

Der Mensch sitzt und legt den rechten Unterarm auf seinen rechten Oberschenkel. In der offenen Hand befindet sich Futter. Der Hund sitzt oder steht vor dem Menschen. Sobald er versucht, sich an dem Futter zu bedienen, schließt sich die Hand wie automatisch und öffnet sich erst wieder, wenn der Hund davon ablässt. Die meisten Hunde versuchen mehrmals, die geschlossene Hand zu öffnen, hören aber nach einiger Zeit damit auf und schauen Rat suchend zu ihrem Menschen. Das ist genau der Moment, indem sich die Hand nicht nur wieder öffnet, sondern der Mensch greift jetzt auch mit der linken Hand zum Futter in der rechten Hand und gibt dem Hund etwas davon.

Im weiteren Verlauf des Spiels lernt der Hund: Nur wenn ich den Umweg mache, wenn ich zuerst verzichte und im Moment der Versuchung zu meinem Menschen schaue, dann komme ich an mein Ziel und erhalte das Futter.

Die so erlernte Selbstkontrolle hilft im Alltag in zahllosen Situationen, in denen der Hund sich sonst selbst belohnt, etwa indem er unkontrolliert verdorbenes Futter aufnimmt, was zu Übelkeit oder Vergiftungen führen kann. Und natürlich hilft diese Selbstkontrolle, sicher durch den Slalom mit Ablenkung zu kommen.

Diese Übung sollte besser nicht mit den Originalfutterschüsseln aus dem Rally Obedience und auch nicht im Parcours erlernt und trainiert werden, weil sonst die Gefahr besteht, dass der Hund den Frust darüber, nicht an Futter oder Spielzeug zu dürfen, mit Rally Obedience verknüpft.

Slalom einfach mit Ablenkung

Slalom einfach mit Ablenkung

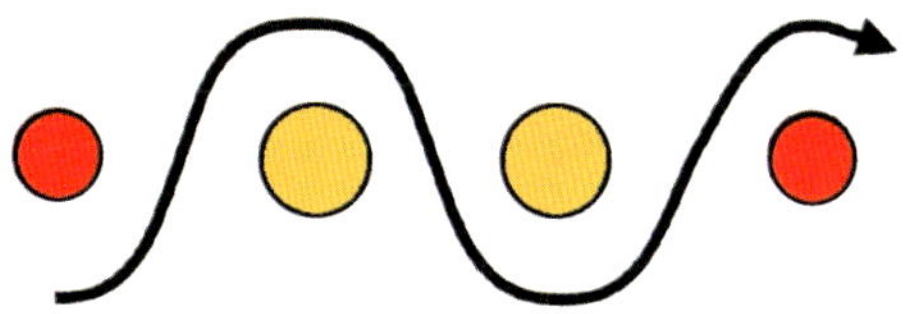

Die Figur „Slalom einfach mit Ablenkung" besteht aus zwei Pylonen und zwei Schalen, die

Maya würdigt die Verleitung keines Blickes, sondern folgt bei Fuß durch die Figur.

in gerader Linie hintereinander aufgestellt sind. Der Abstand zwischen den Gegenständen beträgt 1,5 Meter. Die beiden Pylonen stehen vorn und hinten, die Schalen stehen in der Mitte. Das Übungsschild ist nahe bei der ersten Pylone zu finden. In den Schalen liegen kräftig duftendes Futter und attraktives Spielzeug. Beides ist durch eine Haube so abgedeckt, dass die Hunde die Verleitungen zwar riechen und auch sehen können, aber durch die Abdeckung davon abgehalten werden, sich selbst zu bedienen.

Das Team geht hinter der ersten Pylone nach links in die Figur hinein, setzt seinen Weg im Slalom um die beiden Schalen fort und verlässt die Figur links von der zweiten Pylone.

In welche Richtung es danach weitergeht, ist abhängig von der Position der folgenden Übungsstation.

Wie schon in der vorherigen Übung beschrieben, ist das Trainingsziel bei dieser Übung, dass die Hunde das Futter und das Spielzeug ignorieren.

Das erfordert ein sehr zielgerichtetes Training, in dem ausschließlich mit positiver Verstärkung gearbeitet wird. Eine erste Trainingsmethode ist bei der „Figur 8 mit Ablenkung" beschrieben. Eine Alternative dazu ist das Arbeiten mit Futter.

Der Hundeführer läuft mit dem Hund die aus den Übungen für Einsteiger bekannte Figur und lockt ihn dabei mit seiner absolut besten Lieblingsfutterbelohnung oder seinem allerliebsten Spielzeug an all den Verlockungen auf dem Boden vorbei. Je nachdem, wie interessant die Schüsseln für den Hund sind, sollte der Mensch ihm seine Belohnung entweder direkt vor die Nase halten, oder er zeigt sie ihm und führt die Hand dann nach oben bis unterhalb des linken Schlüsselbeins. Diese Handposition soll dazu führen, dass der Hund zum Futter beziehungsweise zum Spielzeug hochschaut. In direkter Linie darüber sieht der Hund das Gesicht und die Augen seines Hundeführers; er schaut also indirekt in die Augen seines Menschen und nicht zu den verlockenden Ablenkungen in den Futterschüsseln.

Ganz wichtig ist hierbei, dass wir von vornherein versuchen, Fehler zu vermeiden und zu verhindern, indem wir selbst mit Futter oder Spielzeug einen noch stärkeren Reiz setzen, als er durch die Ablenkungen in den Schalen gegeben ist.

Der Hund soll lernen und verinnerlichen: Die Ablenkungen sind zwar ganz nett, aber bei meinem Menschen gibt es etwas viel Besseres, und das bekomme ich zur Belohnung nach der Übung.

Spätestens wenn der Hund diese Erkenntnis gewonnen hat, was daran zu sehen ist, dass er die Futterschüsseln samt Abdeckungen keines Blickes würdigt, wird es Zeit, das Locken mit Futter oder Spielzeug wieder abzubauen und

Kira widersteht den Verleitungen.

den Hund erst nach Beendigung der Übung zu belohnen.

Das Team sollte diese Dinge nicht direkt an der Figur üben, weil der Hund möglicherweise den Pylonen und Schüsseln gegenüber ein Meideverhalten entwickelt, das natürlich nicht erwünscht ist.

Slalom hin und zurück – mit Ablenkung

Der Aufbau dieser Übung ist genauso wie der vorherige. Eine Pylone, zwei Schalen und eine zweite Pylone werden mit jeweils 1,5 Meter Entfernung voneinander in einer Linie aufgestellt. Das Übungsschild steht nahe bei der ersten Pylone. In den beiden Schalen sind Futter und Spielzeug, abgedeckt durch Hauben. Diese ermöglichen den Hunden zwar das Riechen und Erkennen des Futters und des Spielzeugs, hindern sie aber daran, es zu nehmen.

Mensch und Hund betreten die Figur hinter der ersten Pylone nach links. Dann gehen sie gemeinsam im Slalom um die beiden Schalen, umrunden die zweite Pylone und kommen im Slalom wieder zurück zum Ausgang.

Der Ausgang aus der Figur ist für das Team davon abhängig, an welcher Stelle das nächste Schild steht. Mit dem „Slalom hin und zurück mit Ablenkung" findet eine weitere Steigerung

Maya sitzt und wartet aufmerksam auf ein Kommando.

Die ausgestreckte Hand ist das erlernte Signal für das Einnehmen der Stehposition

des Schwierigkeitsgrades statt. Die Hunde laufen noch ein zweites Mal an den Schalen mit den Verleitungen vorbei. Sie müssen erneut unter Beweis stellen, dass sie über Selbstkontrolle verfügen und dass sie Versuchungen widerstehen können. Die Dauer der Versuchung ist doppelt so lang wie in der vorherigen Übung.
Es sollte selbstverständlich sein, dass Hunde, die diese schwierige Aufgabe erfüllt haben, mit Lob in den höchsten Tönen überschüttet werden. Und ein Jackpot als Belohnung wäre auch angemessen.

Stehübungen

Die Stehübungen zählen für viele Hundebesitzer zu den schwierigsten. Umso wichtiger ist es, dass sie grundlegend erlernt werden, denn es gibt auch zahlreiche Situationen im Alltag, bei denen das ruhige Stehen von großem Nutzen ist, wie zum Beispiel bei der Untersuchung beim Tierarzt, beim Hundefriseur oder beim Säubern oder Abtrocknen der nassen Pfoten.

Halt – Steh

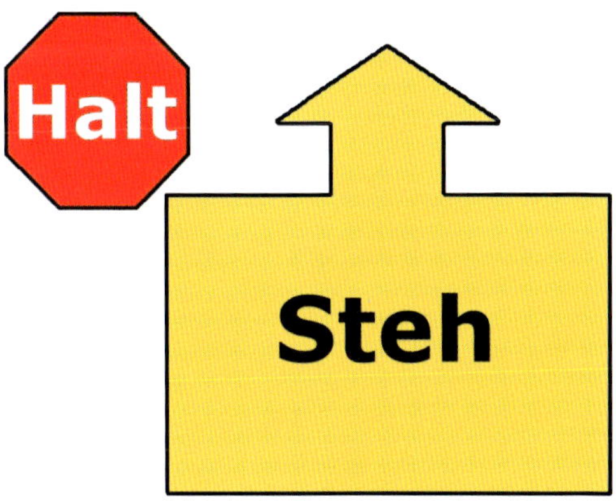

Das Team hält links von dem Übungsschild an, der Hund setzt sich in Grundstellung. Nun fordert der Mensch den Hund auf, die Stehposition einzunehmen. Dazu darf er seine vorherige Position kurz verändern. Sobald der Hund steht, geht der Mensch zurück in die vorherige Position, er steht neben seinem Hund. Berührungen des Hundes sind nicht erlaubt. Der Hund soll stehen bleiben, bis der Mensch ihm das Signal gibt, gemeinsam zur nächsten Station weiterzugehen.
Die Stehübung stellt unerfahrene Hundebesitzer vor eine große Herausforderung, denn nicht nur der Hund soll hier eine wirklich schwierige Aufgabe meistern, auch der Mensch muss eine Menge lernen. Sein oberstes Ziel muss sein: Geduld, Geduld und nochmals Geduld! Ein Hund wird diese Übung nicht in ein bis zwei Trainingseinheiten lernen, sondern es kann durchaus mehrere Wochen dauern, bis er begriffen hat, was sein Mensch von ihm will.

Von den unterschiedlichsten Wegen, dem Hund diese Übung beizubringen, sollen hier drei erklärt werden.

Der Hundeführer setzt sich aufrecht vorn auf die Kante eines Stuhls, die Beine geöffnet, sodass zwischen den Knien ungefähr 20 bis 30 Zentimeter Platz sind. Die Beine bilden die „Garage", in die der Hund jetzt „einparken" soll. Der Hund setzt sich so dicht wie möglich vor den Menschen und wird für besonders engen Vorsitz belohnt. Hunde, die ängstlich sind, sollten für diesen Übungsteil ausreichend Zeit zur Verfügung haben. Bis es klappt, können mehrere Tage bis zu zwei Wochen vergehen.

Klappt das enge Sitzen vor dem Stuhl, nimmt der Mensch Futter in die rechte Hand, hält es vor die Nase des Hundes und hebt dann das rechte Bein ausgestreckt an bis ungefähr zur Schulter des Hundes. Das Bein soll den Hund seitlich berühren, bei größeren, selbstbewussten Hunden auch etwas Druck ausüben.

Nun bewegt der Mensch den rechten Arm mit der Futterhand sehr schwungvoll von der Hundeschnauze aus weg zur Seite nach rechts.

Der Hund will natürlich dem Futter folgen. Das Bein des Menschen hindert ihn an einer Vorwärtsbewegung. Er muss rückwärts „ausparken", also wird er nach hinten aufstehen. Das ist der Moment, in dem die Futterhand wieder nach vorn kommt und der Hund begeistert und überschwänglich gelobt und gefüttert wird. Sollte der Hund versuchen, über das Bein nach vorn zu springen, war der Druck auf die Hundeschulter zu leicht.

Es sind fünf bis zehn Wiederholungen nötig, bis der Hund diesen Ablauf verinnerlicht hat. Schon dann kann das Futter langsam abgebaut werden. Die zur Seite gestreckte Hand ist leer, die Belohnung kommt aus der anderen Hand oder aus der Jackentasche.

Im Lauf der nächsten Trainingseinheiten hebt der Mensch das rechte Bein immer weniger an, bis er es letztendlich einfach so stehen lassen kann wie sein linkes Bein.

Um aus der sitzenden in die stehende Position zu kommen, setzt sich der Mensch im Training als Zwischenschritt auf die Seiten- oder Rücklehne eines Terrassenstuhls oder auf eine erhöhte Sofalehne, oder er lehnt sich schräg an eine Wand an und trainiert so in halb sitzender, halb stehender Haltung, bis er schließlich die Übung mit seinem Hund in aufrecht stehender Haltung trainieren kann.

Nachdem der Hund jetzt das Handzeichen kennt und gefühlte 100-mal das Stehkommando ausgeführt hat, bekommt er das Hörzeichen „Steh".

Im gesamten Training hat der Mensch vor dem Hund gesessen oder gestanden. Nun wird es auch wieder einige Trainingseinheiten dauern, in denen der Mensch seine Position von gegenüber dem Hund kreisförmig verändert, bis er schließlich neben seinem Hund steht.

Wenn der Hund beim Aufstehen zur Seite springt, sollte die Übung an einer seitlichen Begrenzung trainiert werden. Das kann eine Wand, eine auf die Seite gelegte Bank, die Rückseite einer Couch oder ein quer gelegter Stuhl sein. Der Hund sitzt zwischen der Seitenbegrenzung und dem Menschen. Er kann also nur in gerader Ausrichtung aufstehen.

Die oben beschriebene Trainingsmethode ist zwar aufwendig, aber sie führt auch bei vielen Hunden sehr sicher zum Ziel. Manche Hunde allerdings mögen die Einschränkung und Berührung mit dem Bein gar nicht. Sie entziehen sich, verweigern die Mitarbeit oder bekommen Angst und laufen weg. Darum sollen hier weitere Alternativen beschrieben werden.

Eine zweite Methode funktioniert wie folgt: Der Hund sitzt in Grundstellung. Der Mensch hält ihm mit der rechten Hand Futter vor die Nase. Sobald der Hund Interesse daran zeigt, zieht der Mensch die Hand ein kleines Stück von ihm weg. Die meisten Hunde stehen sofort auf, um dem Futter nach vorn zu folgen. In diesem Moment kommt die Futterhand zurück, der Hund wird gelobt und gefüttert.

Die Gefahr bei dieser Trainingsmethode ist, dass der Hund sich direkt setzt, wenn die Futterhand zurückkommt. In diesem Fall muss der Mensch die Hand mit dem Futter zur Brust des Hundes führen. Der senkt den Kopf, um an das Futter heranzukommen, und wird im Stehen gefüttert. Begeistertes Lob sollte dem Hund zusätzlich zur Belohnung klarmachen, welch grandiose Leistung er vollbracht hat.

Der Abbau der Hilfen erfolgt entsprechend der ersten Trainingsmethode.

Ein dritter Weg, den Hund zum Aufstehen zu bewegen, ist besonders für ängstliche, unruhige Hunde geeignet. Der Hund sitzt, der Mensch steht im rechten Winkel mit Blick zum Hund seitlich daneben. Der Mensch hält jetzt dem Hund mit der rechten Hand Futter vor die Nase, mit der linken Hand berührt er den Hund auf dessen rechter Seite in Höhe der Leistenbeuge und tippt ihn leicht an. Die meisten Hunde stehen sofort auf. Wenn nicht, übt die linke Hand so lange leichten Druck von unten gegen den Bauch des Hundes aus, bis er sich erhebt. Sofort bekommt der Hund sein Futter und großes Lob.

Hat der Hund begriffen, dass die Berührung bedeutet, dass er aufstehen soll, kann das Hörzeichen „Steh" hinzugefügt werden.

Der Abbau der Hilfen erfolgt in gleicher Weise wie bei den beiden ersten Trainingsmethoden.

Halt - Steh - Sitz

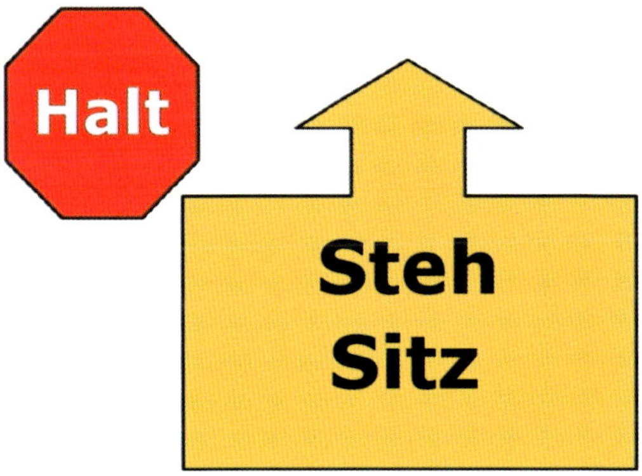

Das Team läuft auf die Übungsstation zu und hält links vom Schild an. Der Hund setzt sich in Grundstellung. Nun erhält er vom Hundeführer den Auftrag, sich zu stellen. Dafür darf der Hundeführer (falls nötig) seine Position für kurze Zeit verändern, muss sich anschließend aber wieder in Grundstellung neben seinen Hund stellen. Als letzten Teil der Übung gibt der Hundeführer seinem Hund das Hörzeichen „Sitz". Der Hund soll sich abschließend in Grundstellung setzen. Danach gehen beide gemeinsam zur nächsten Übungsstation.

Der Anfang dieser Übung ist oben ausführlich beschrieben. Die Herausforderung beim Abschluss besteht darin, dass der Hund aus der Stehposition in ein gerades Sitz neben dem Hundeführer kommt. Sollte der Hund dazu neigen, sich in einem größeren Winkel zu setzen, sollte der Mensch ihn mit Futter in der linken Hand führen. Dazu hält er dem stehenden Hund das Futter von oben vor die Nase, gleichzeitig mit dem Sitzkommando winkelt er den Arm an und dreht die Hand mit dem Handrücken nach links. Der Hund folgt mit dem Kopf dem Futter, sein Körper wendet sich so weit nach links, bis er sich an das Bein des Hundeführers anlehnt. Der Hund sitzt gerade.

Anhalten – Steh – Um den Hund herum

Mensch und Hund halten aus dem Gehen bei Fuß heraus links von der Übungsstation an. Der Hundeführer gibt seinem Hund den Auftrag, stehen zu bleiben. Dann geht er gegen den Uhrzeigersinn einmal um seinen Hund herum, bis er wieder in der Fußposition angekommen ist. Dort hält er einen kurzen Moment an und trägt dem Hund dann auf, in Fußposition mit zur nächsten Station zu kommen. Der Hund muss während der gesamten Übung stehen.

Auch bei dieser Übung soll der Hund das Stehkommando ausführen. Es bietet sich an, für dieses Kommando ein anderes Hörzeichen zu wählen als bisher. Für den Hund ist es ein völlig

01

Der Mensch wendet sich zum Hund und gibt diesem gleichzeitig zur Unterstützung ein Handzeichen dafür, dass er die Position halten soll.

Der schwierigste Moment für den Hund ist, wenn der Mensch hinter ihm läuft.

03

Mit ausreichend Abstand wird der Hund umrundet.

Geschafft, und weiter geht es!

Paddy sieht die Hand vor seinem Gesicht als Signal zum Anhalten.

Nach einem kurzen Stopp erfolgt der erste Schritt rückwärts.

Paddy bewegt sich rückwärts.

Der letzte Schritt zurück, danach geht es wieder vorwärts.

anderer Bewegungsablauf, wenn er zuerst sitzt und dann aufstehen soll, im Vergleich dazu, dass er zuerst geht und dann stehen bleibt. Darum also ein neues Hörzeichen (ich benutze „Warte").

Die meisten Anfängerhunde werden sich bei dieser Übung entweder setzen oder sie drehen sich mit dem Hundeführer, um ihn nicht aus den Augen zu verlieren. Darum macht es auch keinen Sinn, gleich von Anfang an eine komplette Umrundung des Hundes zu trainieren. Ein Viertelkreis ist erst mal genug. Der Mensch hält dem Hund Futter unter oder vor die Nase, geht einen Viertelkreis um ihn herum (bis in Frontposition) und geht dann rückwärts wieder zur Ausgangsstellung. Erst nach mehreren Durchgängen, wenn der Hund sicher stehen bleibt, wird die Strecke auf einen Halbkreis verlängert. Mehr sollte in einer Trainingseinheit nicht gearbeitet werden. In den folgenden Trainingseinheiten wächst die Umrundungsstrecke gleichmäßig, bis schließlich eine komplette Umrundung gelaufen wird. Während der Mensch um den Hund herumgeht, darf er ihn ermuntern und dafür loben, dass er die Position hält, aber nur, wenn der Hund die Ermunterung aushält, ohne zu zappeln und seine Position zu verlassen.

Ob das Team von Anfang an mit Futter als Lockmittel arbeitet oder ob der Hund Futter erst als Belohnung nach getaner Arbeit erhält, ist vom jeweiligen Team abhängig.

Halt – Steh – Platz

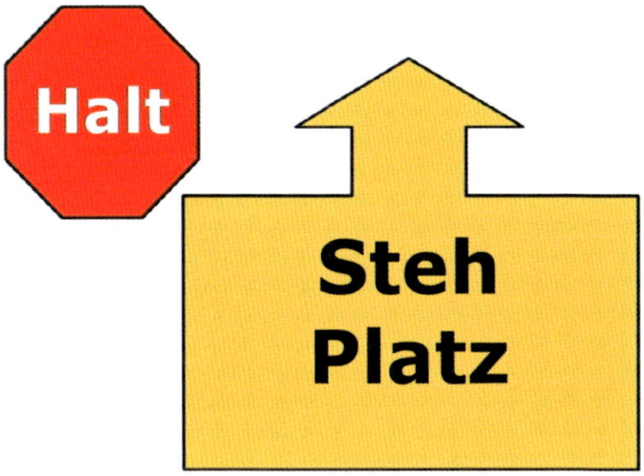

Das Team läuft auf die Übungsstation zu und bleibt links davon stehen. Der Hund setzt sich in die Grundstellung. Nun erhält der Hund von seinem Hundeführer das Zeichen für Steh. Hat der Hund die Stehposition eingenommen, erhält er nach ungefähr ein bis zwei Sekunden das Zeichen für Platz. Auch diese Position muss der Hund ein bis zwei Sekunden lang halten, bevor er aus dem Platz heraus aufsteht und gemeinsam mit dem Hundeführer weiter zur nächsten Station geht.

Wie der Hund aus der Sitzposition ins Steh kommt, wurde bereits ausführlich beschrieben. Natürlich soll der Hund dabei schön parallel zum Menschen stehen. Das lässt sich am besten trainieren, wenn sich das Team neben einer Wand oder an der Rückseite eines Sofas oder neben einem Zaun oder einer umgekippten Bank aufstellt. Wichtig ist die Begrenzung links vom Hund. Dann wird die Übung wie oben beschrieben ausgeführt. Der Hund kann nicht weiter nach links ausweichen, muss also in der gewünschten parallelen Position zum Hundeführer bleiben. Dafür erhält er ein großes Lob und eine Belohnung. Der Abstand zur seitlichen Begrenzung wird schrittweise abgebaut. An dieser Stelle zahlt sich Geduld aus.

Steh – Drei Schritte rückwärts – Vorwärts aus Steh

Das Team läuft auf die Übungsstation zu und hält links davon kurz an, der Hund darf sich nicht setzen, sondern soll stehen bleiben. Der Hundeführer gibt dann das Signal für das Rückwärtslaufen, beide gehen gleichzeitig aus der Stehposition heraus drei Schritte rückwärts. Es zählen die Schritte des Menschen. Der Hund darf sich auch hier nicht setzen oder seitwärts ausweichen. Anschließend geht das Team mit dem Hund bei Fuß zur nächsten Station weiter.

Zwei Schwierigkeiten muss der Hund hier meistern: Er soll gerade rückwärtslaufen und er darf sich dabei nicht setzen. Rückwärtslaufen an sich müssen die meisten Hunde erst lernen.

Bei manchen Hunden genügt es schon, wenn der seitlich vom Hund stehende Mensch ihm als Hilfe die flache Hand vor seine Nase hält und einen Schritt rückwärtsmacht. Der Hund bewegt sich ebenfalls rückwärts. Wird diese Reaktion mit einem passenden Hörzeichen, mit begeistertem Lob und mit großzügiger Belohnung verbunden, dann dauert es nicht lange, bis der Hund auf Ansage rückwärtsläuft.

Leider funktioniert diese Trainingsmethode längst nicht bei allen Hunden.

Ein anderer Weg zum Ziel Rückwärtslaufen geht so, dass der neben dem Hund stehende Mensch ihm Futter vor die Brust hält. Um das Futter zu erreichen, neigt der Hund den Kopf und geht im Idealfall einen oder mehrere Schritte zurück. Das wird vom Hundeführer mit Lob, Futter und Begeisterung gefeiert. Nach mehreren Übungsdurchgängen wird ein Hörzeichen eingeführt. (Wir benutzen „Rück".) Hat der Hund den Bewegungsablauf erlernt, wird gemeinsam mit dem Hörzeichen die Hand ohne Futter vor die Brust des Hundes gehalten und der Hund am Ende der Übung mit Futter aus der Tasche oder dem Futterbeutel belohnt.

Manche Hundeführer trainieren die Rückwärtsbewegung aus einer Frontposition heraus. Mensch und Hund stehen einander gegenüber. Der Mensch streckt die Arme zur Seite aus, als ob er eine große Schublade zuschieben wolle. In dieser Haltung geht er auf seinen Hund zu. Der Hund wird mit großer Wahrscheinlichkeit zurückgehen, um nicht überlaufen zu werden. In dem Moment lobt der Mensch begeistert und füttert den Hund. Auch diese Bewegung wird nach mehreren Durchgängen mit einem Hörzeichen verbunden.

Bei einer anderen Trainingsmethode, die bei einigen Teams zum gewünschten Erfolg führt, beginnt der Hund stehend zwischen den Beinen des Menschen. Der Mensch füttert ihn, hebt dann aber die Futterhand hoch bis in Bauch- oder Brusthöhe. Die meisten Hunde gehen daraufhin rückwärts. Diese Rückwärtsbewegung wird gelobt, belohnt, erhält einen Namen, und die Position wird dann langsam verändert, indem der Mensch sich nach und nach neben den Hund stellt.

Viele Hunde tendieren dazu, nach einem oder zwei Schritten zur Seite auszuweichen und schräg rückwärtszulaufen. Das heißt, zusätzlich zum Rückwärtslaufen an sich muss auch das gerade Rückwärtslaufen trainiert werden. Das lässt sich wieder wunderbar neben einer seitlichen Begrenzung üben. Der Weg des Hundes ist auf der einen Seite durch eine Wand oder etwas Ähnliches begrenzt, auf der anderen Seite durch den Hundeführer. Er kann also nur gerade nach hinten. Um die Hilfe abzubauen, ist unbedingt zu beachten, dass schrittweise vorgegangen wird. Zum Beispiel beginnt die Übung kurz vor der Seitenbegrenzung. Der Hund geht den ersten Schritt „im Freien", erst danach trifft er auf seine Hilfe. Oder andersherum, das heißt, die ersten beiden Schritte werden mithilfe der Seitenbegrenzung gearbeitet, der letzte Schritt ist frei, und so weiter.

Anhalten – Steh – Weggehen

Mensch und Hund gehen auf das Übungsschild zu und halten links davon an. Der Hund erhält die Aufforderung, stehen zu bleiben, er soll sich nicht setzen. Der Hundeführer gibt noch das Hörzeichen zum Beibehalten der Stehposition und geht dann ohne den Hund weiter zur nächsten Übungsstation.

Dieser Übung folgt entweder eine der Abrufübungen oder die Übung „Umdrehen, zurück zum Hund".

Pamela gibt Kira den Auftrag, stehen zu bleiben, und geht selbst weiter.

Der Hund darf sich bei dieser Aufgabe nicht setzen und er darf dem Hundeführer nicht folgen, sondern muss in der Stehposition warten, bis er von seinem Menschen den nächsten Auftrag erhält.

Für das Training ist jede Art von spiegelnder Fläche hilfreich, in der der Mensch sehen kann, ob und wie der Hund reagiert. Der kleine Handspiegel oder ein Helfer, der kommentiert, sind Alternativen.

Halt – Platz – Steh

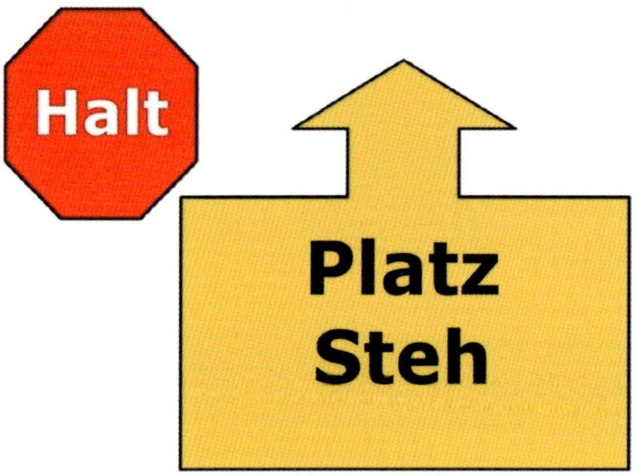

Das Team ist auf dem Weg zur Übungsstation „Sitz aus Bewegung".

Der Hund geht mit dem Menschen bei Fuß auf das Schild zu und hält links davon an. Der Hund sitzt in Grundstellung, der Mensch steht daneben. Der Mensch fordert den Hund auf, die Platzposition einzunehmen. Nach ungefähr ein bis zwei Sekunden erhält der Hund das Zeichen für die Stehposition. Hat er diese für ungefähr ein bis zwei Sekunden gezeigt, darf der Mensch mit dem Hund bei Fuß zur nächsten Übungsstation gehen.

In den beiden ersten Teilen dieser Übung ist die übereinstimmende Schwierigkeit, dass der Hund gerade sitzen und gerade liegen soll. Trainingshilfen dazu sind bereits beschrieben. Neu und für den Hund ungewohnt ist der Positionswechsel vom Platz ins Steh. Bisher ist er aus der sitzenden Position ins Steh gewechselt. Nun soll er seine Stellung direkt, ohne vorheriges Sitzen, aus dem Platz ins Steh ändern. Da ist viel Einfühlungsvermögen vom Menschen gefragt.

Hunde, die gelernt haben, beim Stehkommando nach hinten aufzustehen, werden mit dieser Übung kaum Schwierigkeiten haben. Für alle anderen wird eine Erfolg versprechende Technik gebraucht. Eine Möglichkeit ist, dass der Hund liegt und der Mensch ihm gegenübersteht. Dann geht der Mensch entschlossen auf den Hund zu und gibt dabei das Hörzeichen „Steh". Unterstützend darf er seinen Hund (vorsichtig) an die Brust stupsen. Das kann mit der Fußspitze, mit einem Targetstick oder mit einer Fliegenklatsche geschehen. Wichtig für den Hund ist die Berührung als Erinnerung daran, was er tun soll. Sobald der Hund aufsteht, wird er gebührend gelobt und belohnt.

Kira erhält das Signal, sich zu setzen, während Pamela weitergeht.

Dieses Team beherrscht die Übung perfekt.

Für einen ängstlichen Hund kann die Trainingstechnik mit dem frontal auf ihn zukommenden Menschen schon zu massiv sein. Eine Variante ist dann, die Berührung nicht von vorn unterhalb der Brust vorzunehmen, sondern seitlich an der Flanke. Der Mensch steht also seitlich vom liegenden Hund. Nach dem Stehkommando berührt der Mensch den Hund mit seiner Hand unterhalb der Flanke und hilft eventuell mit leichtem Druck nach oben, den Hund in die Stehposition zu bringen. Diese Hilfe sollte nur so kurz wie möglich erfolgen. Sobald der Hund begriffen hat, wie die Übung auszuführen ist, sollte der Mensch die Hilfe abbauen.

Übungen aus der Bewegung

Die Gemeinsamkeit der drei folgenden Übungen besteht darin, dass der Hundeführer seinem Hund an der Übungsstation ein Kommando gibt, er aber dabei nicht anhält oder stehen bleibt. Ohne sein Tempo zu verändern, geht der Mensch weiter, während der Hund die Übung ausführt.

Sitz aus Bewegung

Das Team geht gemeinsam auf die linke Seite der Übungsstation zu. Kurz vor Erreichen des Übungsschildes fordert der Mensch seinen Hund auf, sich zu setzen. Er selbst geht dabei ohne anzuhalten weiter zur nächsten Station. Dieser Übung folgt eine der bereits beschriebenen Abrufübungen.

Natürlich wird kaum ein Hund die Ausführung dieser Übung spontan richtig anbieten. Wir bauen sie deshalb in kleinen Schritten auf. Im ersten Schritt hält der Mensch aus dem Bei-Fuß-Gehen heraus an, dreht sich dabei zum Hund, stellt den rechten Fuß schulterbreit zur Seite und gibt dem Hund das Sitzkommando. Sobald der Hund sitzt, geht der Mensch ein bis zwei Schritte weiter, kommt dann rückwärts zurück, stellt sich in Grundposition neben seinen Hund und lobt und füttert ihn. Ungefähr 15 Wiederholungen der Übung sollten in einer Trainingseinheit erfolgen.

Hat der Hund begriffen, dass er sich setzen und bleiben soll, obwohl der Hundeführer sich ein kleines Stück von ihm entfernt, erfolgt der nächste Schritt. Der Mensch dreht sich jetzt etwas weniger ein und wartet auch nicht mehr ab, bis der Hund sich ganz und gar hingesetzt hat, sondern verharrt nur noch kurz und geht dann gleich weiter. Der Rückweg kann jetzt vorwärts erfolgen, aber möglichst, ohne dem Hund in die Augen zu schauen. Hunde begreifen Blicke in ihre Augen in der Regel als Aufforderung, etwas zu tun, zum Beispiel zum Hundeführer zu kommen. Genau das soll hier aber vermieden werden. Der Hund soll die Futterbelohnung in der Position bekommen, die geübt wird, also im Sitz! Auch diese Übung sollte mindestens 15-mal wiederholt werden.

Auf der vorletzten Schwierigkeitsstufe dreht sich der Mensch beim Erteilen des Sitzkommandos nicht mehr ein. Nachdem der Hund den Auftrag erhalten hat, sich zu setzen, deutet der Mensch nur noch ein sehr kurzes Warten an und geht dann weiter. Nach zwei bis drei Schritten dreht sich der Mensch um, kommt, ohne seinen Hund anzuschauen, zu ihm zurück, stellt sich in Grundposition neben ihn und füttert und lobt seinen Hund.

Der letzte Schritt ist unser Ziel: Der Mensch fordert den Hund auf, die Sitzposition einzunehmen, geht aber ohne zu zögern drei bis vier Schritte weiter, dreht sich dann um und nimmt die Grundposition neben seinem Hund ein. Großes Lob und eine leckere Futterbelohnung zeigen dem Hund, dass es sich lohnt, den Auftrag auszuführen.

Platz aus Bewegung

Mensch und Hund gehen bei Fuß auf das Übungsschild zu. Links von dem Schild gibt der Mensch dem Hund das Zeichen für Platz und geht ohne zu warten weiter zur nächsten Übungsstation. Dieser Übung folgt wieder eine der Abrufübungen.

Die Trainingsmethode für diese Übung entspricht genau der bei der vorherigen Aufgabe beschriebenen. Ergänzend kann wieder ein Handspiegel oder eine spiegelnde Fensterfläche benutzt werden, um direkt sehen zu können, ob der Hund die Aufgabe erfüllt hat.

Steh aus Bewegung

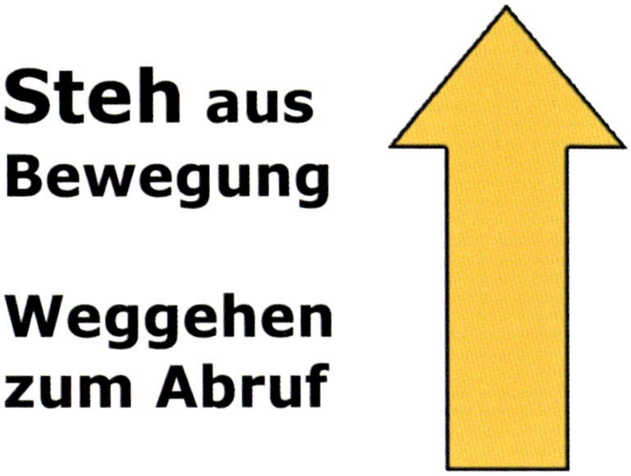

Hund Linkskreis – Aus Bewegung – Vorwärts

Das Team geht bei Fuß auf die Übungsstation zu. An der linken Seite des Schildes fordert der Mensch den Hund auf, zu stehen und zu bleiben. Er selbst geht ohne zu warten weiter zur folgenden Übungsstation. Diesem Schild muss eine der Abrufübungen folgen.

Diese Übung wird ebenso in kleinen Schritten trainiert wie die beiden vorherigen.

Besonderheiten in Deutschland

Im deutschsprachigen Raum werden in weiten Teilen die gleichen Übungsschilder verwendet, und die Übungen sind auch identisch auszuführen. Österreich benutzt im Vergleich die geringste Anzahl von Übungsschildern, die aber sowohl in der Schweiz als auch in Deutschland verwendet werden. Hier gibt es also keine erwähnungsbedürftigen Besonderheiten. In der Schweiz und in Deutschland stimmen große Teile der Übungen überein. Es gibt aber Besonderheiten, die nur in einem der beiden genannten Länder zu finden sind.

Zuerst werden die besonderen Übungen aus Deutschland gemäß dem Regelwerk des Verbands für das Deutsche Hundewesen (VDH) vorgestellt.

Mensch und Hund gehen bei Fuß auf die Übungsstation zu. An der linken Seite des Schildes dreht sich der Hund gegen den Uhrzeigersinn einmal um seine eigene Achse und geht dann gemeinsam mit dem Menschen weiter zur folgenden Übungsstation.

Um mit dem Hund diese Übung zu trainieren, sollte der Mensch Futter in seine linke Hand nehmen. Aus der Bewegung heraus hält er dem Hund das Futter an dessen linke Kopfseite. Dieser wird den Kopf drehen, um an das Futter zu kommen. Der Mensch führt mit der Futterhand eine langsame, gleichmäßige Kreisbewegung aus. Indem der Hund der Futterhand folgt, läuft er einen Kreisbogen nach links. Der Mensch ist während der gesamten Zeit in Bewegung und bleibt nicht stehen.

In den weiteren Trainingsschritten lässt der Mensch das Futter weg und führt nur noch die kreisförmige Bewegung mit der linken Hand aus. Es ist darauf zu achten, dass die Bewegung ruhig verläuft und dass die Hand Kontakt zur Hundeschnauze hat. Ist der Hund auf einen Hand-Touch trainiert (siehe Kapitel „Allgemeine Trainingshinweise"), ist das sehr hilfreich. Die Belohnung erfolgt dann zum Beispiel aus dem Futterbeutel oder der Hosentasche des Menschen.

Flynn erwartet den Auftrag, sich zu drehen.

Flynn sieht jetzt, in welche Richtung es weitergeht ...

Während der Hund beginnt, sich nach links zu drehen, geht der Mensch ruhig weiter.

... und schließt wieder auf.

Flynn geht in die Drehung nach links.

Mensch und Hund drehen sich voneinander weg.

Die Dreivierteldrehung ist geschafft, das Team kann sich in die Augen schauen.

Die letzte Vierteldrehung führt wieder in die Laufrichtung.

Führt der Hund die Übung auf diese Weise korrekt aus, kann ein Hörzeichen oder Kommando hinzugefügt werden (wir sagen „Twist"). Bevor der Mensch die linke Hand einsetzt, gibt er das Hörzeichen, wartet ein bis zwei Sekunden und führt dann die Übung so aus, wie oben beschrieben. Der Hund soll begreifen, dass nach dem Hörzeichen immer das Sichtzeichen erfolgt, und später führt er idealerweise die Übung schon nach dem Hörzeichen aus. Das Herstellen dieser Verknüpfung kann allerdings lange dauern, unter Umständen mehrere Monate.

In den darauffolgenden Trainingseinheiten kann die Kreisbewegung immer kleiner werden, bis sie letztendlich nur noch angedeutet werden muss und der Hund sich dennoch linksherum dreht.

Hund Linkskreis – Mensch Rechtskreis

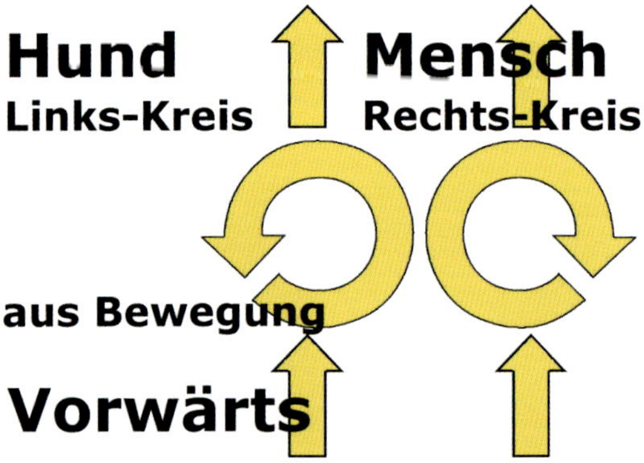

Das Team geht bei Fuß auf die linke Seite des Übungsschildes zu. Dort gibt der Hundeführer dem Hund das Zeichen für die Linksdrehung. Gleichzeitig dreht sich der Mensch einmal im Uhrzeigersinn um die eigene Achse. Sind beide Drehungen beendet, gehen Mensch und Hund gemeinsam bei Fuß weiter zur folgenden Übungsstation.

Diese Übung verlangt von dem Hund nichts Neues. Der Mensch muss aber seine eigene

Drehbewegung mit der des Hundes koordinieren. Zu Beginn des Trainings schickt der Mensch den Hund in die Kreisbewegung nach links. Erst wenn er sieht, dass der Hund der Aufforderung auch nachkommt und die Drehung wirklich ausführt, geht auch der Mensch in die Kreisbewegung und dreht sich rechtsherum. Er führt die Drehung also leicht zeitlich versetzt aus. So ist sichergestellt, dass tatsächlich beide ihren Kreis laufen.

In den weiteren Trainingseinheiten wird der zeitliche Versatz immer kleiner, bis Mensch und Hund gleichzeitig in die Drehbewegung laufen und die Übung synchron ausführen.

Vorsitz – Schritt zur Seite – Rechts

Der Weg des Hundes beim Schritt zur Seite.

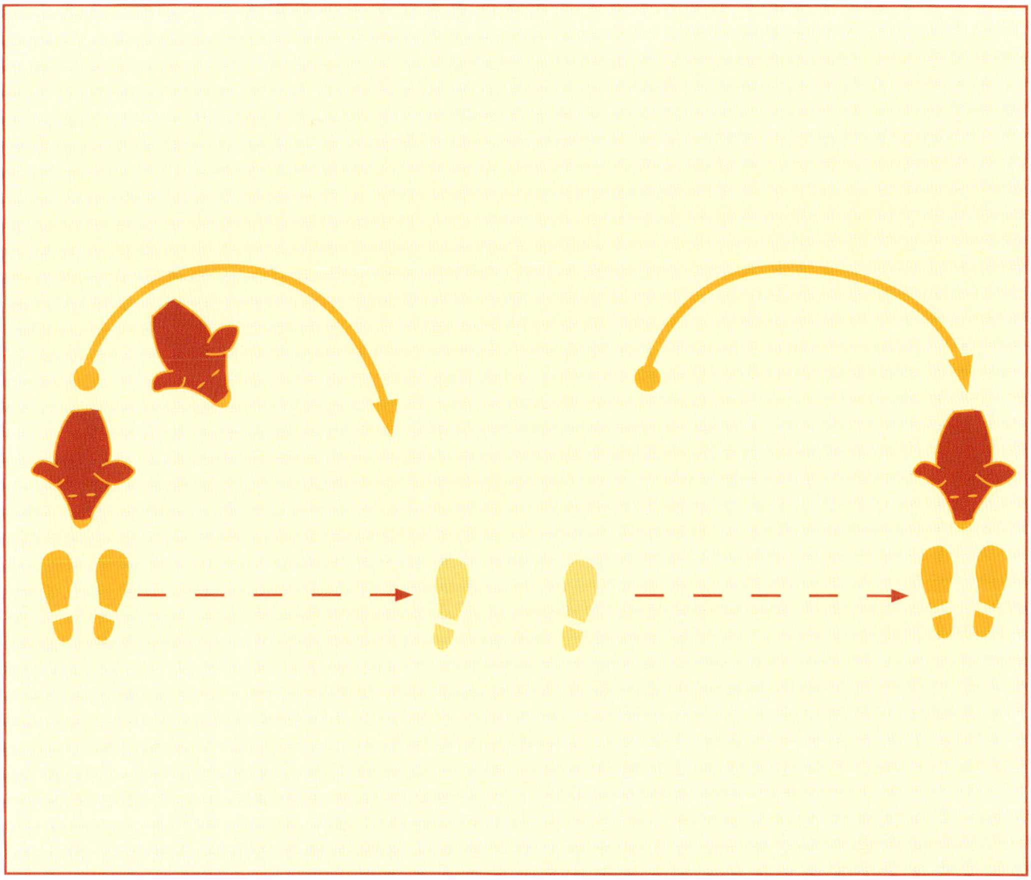

Das Team läuft bei Fuß direkt auf die Übungsstation zu. Vor dem Übungsschild erteilt der Hundeführer seinem Hund den Auftrag zum Vorsitz. Um dem Hund Gelegenheit zum Ausführen der Übung zu geben, darf der Mensch bis zu höchstens vier Schritte in gerader Linie rückwärtsgehen. Jede Korrektur der eigenen Position zur Seite ist hingegen nicht erlaubt. Hat der Hund die Vorsitzposition eingenommen, geht der Mensch einen deutlichen Schritt nach rechts. Der Hund folgt dieser Bewegung ohne zu zögern und setzt sich danach wieder in die Vorsitzposition.

Da hier eine Bewegung zur Seite gezeigt werden soll, gilt diese Übung als Richtungswechsel und muss deshalb vor dem Übungsschild ausgeführt werden. Anschließend führt der Weg für Mensch und Hund rechts am Übungsschild vorbei.

Dieser Übung folgt zwangsläufig eines der Zusatzschilder.

Das Einnehmen der Vorsitzposition sollte mittlerweile kein Problem mehr sein. Die Bewegung zur Seite nach rechts ist neu und verlangt einen guten Aufbau, denn nur die wenigsten Hunde werden spontan anbieten, der Bewegung des Menschen mit einer ebenfalls seitlichen Bewegung zu folgen. Sollte das geschehen, ist natürlich große Freude angesagt. Wenn nicht, gilt es zu üben.

Nachdem sich der Hund im Vorsitz befindet, hält sich der Mensch beide Hände vor den Bauch. Nun geht er einen deutlichen Schritt nach rechts. Mit seinen Händen führt er dabei keine gerade Bewegung nach rechts aus, sondern er beschreibt einen großen Halbkreis. Er führt den Hund so zuerst ein Stück von sich weg, um ihn anschließend wieder direkt vor sich gerade „einparken" zu lassen.

Der häufigste Fehler bei dieser Übung besteht darin, die Hände zu weit nach rechts zu führen und den Hund dadurch in die Versuchung zu bringen, nach hinten um den Hundeführer herum in Grundstellung zu gehen. Nach zahlreichen Wiederholungen braucht der Mensch nur noch einen kleinen Halbkreis anzudeuten und der Hund bewegt sich korrekt in die neue Position.

Vorsitz – Schritt zur Seite – Links

Diese Übung gilt als Richtungsänderung, weshalb sie vor dem Schild ausgeführt wird. Das Team geht bei Fuß auf das Übungsschild zu. Der Mensch gibt dem Hund das Signal zum Vorsitz. Um dem Hund das Einnehmen der Position zu ermöglichen, darf der Mensch bis zu höchstens vier Schritte in gerader Linie rückwärtsgehen. Jede Bewegung zur Seite zwecks Korrektur der Position ist nicht erlaubt. Befindet sich der Hund im Vorsitz, macht der Mensch einen deutlichen Schritt nach links. Der Hund begleitet diese Bewegung sofort und beendet sie mit einem erneuten Vorsitz.

Um die Übung abzuschließen, folgt zwangsläufig eines der Zusatzschilder. Das Training für diese Übung entspricht im Grunde dem für die vorherige Übung, nur dass es genau spiegelbildlich durchgeführt wird.

Die Übung beginnt mit dem Vorsitz.

Cleo folgt den ausgestreckten Armen auf einem Bogen nach links.

Das Heranziehen der Arme und Hände an den Körper zeigt dem Hund, dass er sich setzen soll.

Die Hände werden noch ein wenig höher gezogen, der Hund sitzt.

Besonderheiten in der Schweiz

Hier folgen die Besonderheiten bei Übungen aus der Schweiz, wie sie von Polydog, einer Kommission der Schweizerischen Kynologischen Gesellschaft SKG, verwendet werden. Neben einigen Unterschieden beim Ausführen von Slalom und Spiralen sind hier die Apportierübungen hervorzuheben – im klassischen Obedience selbstverständlich, im Rally Obedience jedoch die Ausnahme. In der Schweiz gibt es im Rally Obedience fünf unterschiedliche Apportierübungen, bei denen der Hund einen Apportiergegenstand aufnehmen, halten oder tragen soll. Nun ist aber nicht jeder Hund ein Retriever und hat von sich aus Spaß daran, einen Gegenstand aufzunehmen und in der Schnauze zu behalten. Wie also bringe ich meinem Hund bei, dass er ein Apportel nehmen soll?

Zunächst sei vorausgeschickt, dass ein Apportel aus Kunststoff die Sache für den Hund einfacher macht. Für sehr sensible Hunde bietet sich an, den Mittelteil des Apportels mit Stoffstreifen oder mit selbsthaftenden Binden zu umwickeln, um den Anbiss zu erleichtern. Das Apportel sollte nicht zu groß gewählt sein. Die Hundeschnauze sollte gut zwischen die Seitenteile passen, aber viel Platz sollte rechts und links der Schnauze nicht frei bleiben.

Das Vermitteln des Apports, wie er in den folgenden Übungen gezeigt werden soll, erfordert Geduld, Konsequenz, viel Zeit und eine Menge der besten Futterbelohnungen, die es gibt. Der Apport besteht aus mehreren Teilen, nämlich dem Aufnehmen des Apportiergegenstandes, dem Halten, dem Tragen und dem Ausgeben. Trainiert werden können durchaus mehrere Teile parallel, zum Beispiel das Tragen und das Nehmen des Apportels. Das Zusammensetzen der Übungsschritte sollte aber erst dann erfolgen, wenn die einzelnen Teile wirklich sicher beherrscht werden.

Halt – 3 Sekunden halten – Aus

Das Team läuft bei Fuß zum Übungsschild und hält links daneben an. Der Hund setzt sich in Grundstellung. Nun gibt der Hundeführer seinem Hund einen mitgeführten Apportiergegenstand, wartet drei Sekunden und nimmt das Apportel dann wieder an sich. Beide gehen anschließend bei Fuß zur nächsten Übungsstation. In dieser Übung verstecken sich mehrere Einzelübungen: das Nehmen, das Halten und das Abgeben des Apportels. Von vielen unterschiedlichen Trainingsmethoden, mit denen der Mensch seinem Hund diesen Ablauf beibringen kann, sei hier ein ausschließlich auf positiver Verstärkung beruhender Weg beschrieben:

Zuerst könnte das Nehmen des Apportels trainiert werden. Um ein Apportel für den Hund überhaupt interessant zu machen, sollte es der Mensch im Beisein des Hundes an mehreren Tagen hintereinander herausholen, sehr interessiert betrachten, laut und begeistert ohne den Hund damit spielen und es danach wieder wegräumen. Spätestens nach zwei Tagen ist das Interesse des Hundes in der Regel geweckt.

Um nun das Nehmen zu trainieren, setzt sich der Mensch am besten hin; damit wirkt er für den Hund nicht so riesig groß. Dann macht er das Apportel für den Hund wieder interessant, indem er es zum Beispiel anschaut, daran riecht und begeisterte Laute von sich gibt. Hält er das

Anouk hält das Apportel fest in der Schnauze.
(Foto: Anna Auerbach)

Apportel jetzt in die Nähe der Hundeschnauze und der Hund schaut darauf, sollte schon das erste Lob folgen und eine kleine Belohnung. Nähert er sich mit der Schnauze dem Apportel, wird wieder gelobt und belohnt. Die nächsten Schritte, wie das Berühren des Apportels mit der Schnauze, das Öffnen des Mauls, das Berühren mit den Zähnen bis hin zum ersten richtigen Anbiss, werden genau so gelobt und belohnt, wie oben beschrieben. Wichtig ist, dem Hund Zeit zu lassen, ihn nicht zu drängen, die eigene Ungeduld zu bändigen und so zu einem sicheren Aufbau dieser Übung beizutragen.

Im folgenden Trainingsschritt ändert der Mensch seine Position, er sitzt nicht mehr, sondern stellt sich vor seinen Hund. Klappt das Nehmen und Halten auch in dieser Position, stellt sich der Hundeführer endlich neben seinen Hund (Grundstellung) und trainiert von dieser Stelle aus. Ist der Hund so weit, dass er das Apportel zuverlässig kurz anbeißt, dann aber schnell wieder loslässt, ist es Zeit für den nächsten Schritt. Das ruhige Halten des Apportels ist womöglich der schwierigste Teil des Apports. Es wird in vielen, sehr kleinen Teilschritten und durch kontinuierliches Lob mit Belohnung erarbeitet.

Erstens bekommt die Übung einen Namen (zum Beispiel „Nimm's"). Zweitens folgen das Lob und die Belohnung nicht sofort nach dem Anbiss, sondern zeitlich etwas verzögert. Wenn der Hund begriffen hat, dass er das Apportel mindestens so lange halten soll, bis das Lob kommt, beginnt der Mensch, das Apportel kurz mit der Hand zu berühren. Wichtig ist, dass der Hund es auch dabei weiter festhält. Dieser Zeitraum wird im Lauf der nächsten Trainingseinheiten kontinuierlich hinausgeschoben, bis der Hund das Apportel ungefähr acht bis zehn Sekunden lang hält. Wenn diese Übung klappt, fehlt noch das Ende der Übung, das Ausgeben.

Parallel zu diesem Training sollte der Hund lernen (oder gelernt haben), was das Kommando „Aus" bedeutet. Das geht sehr gut bei gemeinsamen Zerrspielen. Der Mensch „friert" im Spiel plötzlich ein und sagt dabei „Aus". Beide Hände halten das Zerrspielzeug fest, ansonsten passiert nichts. Die meisten Hunde begreifen nach wenigen Sekunden, dass das Spiel zu Ende ist und sich ein weiterer Krafteinsatz für sie nicht lohnt – sie lassen das Spielzeug los. Genau in dem Moment erfolgt die Belohnung, der Mensch lobt begeistert und bietet das Spielzeug wieder an.

Abschließend werden die einzelnen Teile der Übung zusammengeführt.

Halt – Halten – 3 Schritte – Aus

Mensch und Hund halten aus dem Bei-Fuß-Gehen links neben dem Übungsschild an, der Hund sitzt in Grundstellung. Der Mensch reicht dem Hund ein Apportel und fordert ihn auf, es zu nehmen. Sobald der Hund den Apportiergegenstand genommen hat, fordert der Mensch ihn auf, in Fußposition zu folgen. Beide gehen gemeinsam in Richtung der nächsten Übungsstation. Nach drei Schritten fordert der Mensch ohne anzuhalten den Hund auf, das Apportel zurückzugeben, er nimmt es an sich und geht weiter mit dem Hund in Fußposition bis zum nächsten Übungsschild.

Hat der Hund gelernt, sich für das Apportel zu interessieren, geht es im nächsten Trainings-

Stolz trägt die Hündin das Apportel.

Anouk gibt das Apportel an ihr Frauchen. (Fotos: Anna Auerbach)

schritt darum, ihn zum Tragen des Apportels zu bewegen. Auch dafür gibt es mehrere Trainingsmethoden, von denen hier zwei beschrieben werden sollen:

In der Ausgangssituation ist der Hund angeleint. Der Mensch holt das Apportel und beginnt, wie an den Vortagen damit zu spielen. Der Gegenstand soll dem Hund nicht angeboten werden, sondern beim Hund soll das Interesse für das Apportel geweckt werden. Versucht der Hund das Apportel zu erhaschen oder mit den Zähnen zu schnappen, lässt es der Mensch sofort los und läuft gemeinsam mit dem Hund an der Leine weiter. Die meisten Hunde halten das Apportel eine kleine Strecke lang ruhig, ohne darauf herumzukauen. Jetzt wird der Hund begeistert gelobt, das Apportel wird ihm abgenommen und er bekommt eine besonders gute Futterbelohnung.

Dieses Apport- und Lauftraining wird jetzt mehrfach wiederholt, eventuell auch auf einem Kreis mit mindestens 4 bis 5 Metern Durchmesser. Der Hund wird begierig darauf, das Apportel zu „erbeuten"; durch den anschließenden ruhigen Lauf trägt er es ruhig und spuckt es nicht aus. In den folgenden Trainingseinheiten sollte die Strecke länger werden, bevor der Hund seine Belohnung erhält.

Die zweite Methode setzt voraus, dass der Hund gelernt hat, das Apportel zu nehmen und so lange zu halten, bis er die Aufforderung bekommt, es auszugeben. Das Team ist in Grundstellung, der Hund hält das Apportel. Nun macht der Mensch einen kleinen Schritt nach vorn.

Da der Hund gelernt hat, das Apportel so lange zu halten, bis er das Kommando „Aus" erhält, wird er es festhalten und mitgehen. Bleibt der Mensch stehen, setzt sich der Hund daneben, wie er es bereits in so vielen Übungen getan hat. Der Mensch gibt das Hörzeichen „Aus" und nimmt dem Hund das Apportel ab. Klappt diese Sequenz zuverlässig, wird in den folgenden Trainingseinheiten die Anzahl der Schritte langsam gesteigert, bis das Ziel erreicht ist.

Bring aus der Bewegung

Das Team geht bei Fuß auf die linke Seite des Übungsschildes zu. Ohne anzuhalten reicht der Hundeführer dem Hund das Apportel mit der Aufforderung, es zu nehmen. Der Hund nimmt das Apportel und beide gehen links an der Station vorbei zum nächsten Übungsschild.
Die Trainingsmethode ist genauso wie bei der vorherigen Übung.

Halt – Aus

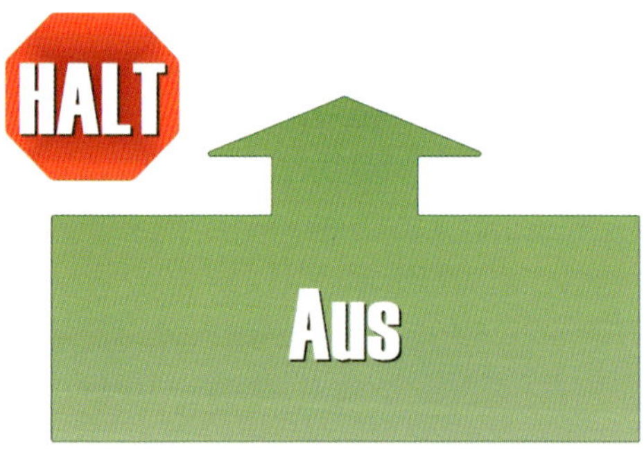

Hundeführer und Hund gehen bei Fuß auf das Übungsschild zu und halten links davon an. Der Hund setzt sich in die Grundstellung. Der Mensch fordert seinen Hund anschließend auf, das Apportel abzugeben, und nimmt es an sich. Danach gehen die beiden gemeinsam weiter zur folgenden Übungsstation.

Die Schwierigkeit bei dieser Übung stellt der Moment des Anhaltens dar. Viele Hunde neigen dazu, mit dem Anhalten und Einnehmen der Grundstellung auch den Apportiergegenstand aus dem Maul fallen zu lassen. Der Hund muss lernen, dass er den Gegenstand erst loslassen soll, wenn sein Mensch ihn dazu auffordert.

Aus

Während das Team auf die linke Seite des Übungsschildes zugeht, fordert der Mensch seinen Hund auf, das Apportel abzugeben, und nimmt es ohne anzuhalten an sich. Beide gehen an dem Übungsschild vorbei zur nächsten Station.

Die für diese Übung notwendigen Trainingsschritte wurden bei den vorangegangenen Übungen bereits ausführlich beschrieben. Zu ergänzen bleibt, dass die Schwierigkeit für das Team darin besteht, den Apportiergegenstand bei der Übergabe vom Hund an den Menschen nicht auf den Boden fallen zu lassen.

Halt – 360 Grad rechts

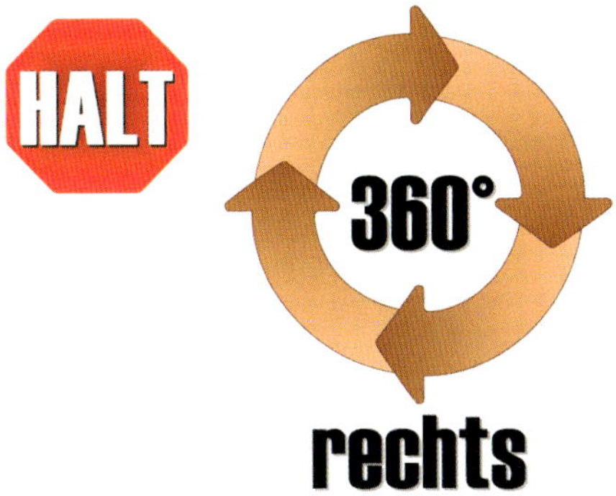

Das Team hält links vom Übungsschild an, der Hund setzt sich in Grundstellung. Nun sollen beide eine 360-Grad-Drehung nach rechts ausführen, wobei sich der Hundeführer auf der Stelle dreht und der Hund während der Drehung die Fußposition beibehält. Nach Beendigung der Übung laufen beide weiter zur nächsten Station.

Die Besonderheit dieser Übung liegt in dem Halt am Anfang. Aus der Sitzposition heraus ist die Drehung etwas schwieriger als aus der Bewegung heraus. Der Mensch muss darauf achten, dass der Hund aufsteht und sich mitdreht, statt sitzend herumzurutschen.

Halt – 360 Grad links

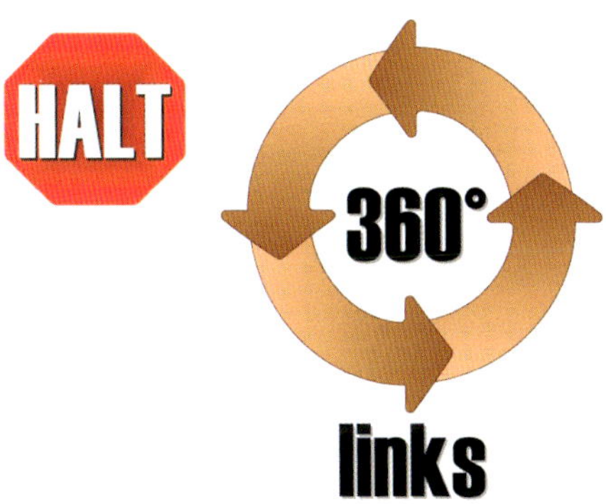

Mensch und Hund gehen auf das Übungsschild zu und halten links daneben an. Der Hund setzt sich in Grundstellung. Nun sollen beide eine Linksdrehung um 360 Grad zeigen. Der Mensch soll die Drehung auf der Stelle ausführen, er darf höchstens einen sehr kleinen Kreis laufen.

Der Hund soll die Fußposition aufrechterhalten und dicht am Bein des Menschen bleiben. Es ist wünschenswert, dass er sich dabei rückwärtsbewegt.
Ist die Übung beendet, geht das Team in der gleichen Richtung weiter wie vorher.

Wie schon bei der vorherigen Übung liegt die Schwierigkeit dieser Drehung am Anfang. Der Hund sitzt und soll aus dieser Position in eine Rückwärtsbewegung gehen. Aufgabe des Menschen ist es, dem Hund ausreichend Zeit zu geben aufzustehen, bevor die Drehung beginnt. Andernfalls kann es passieren, dass der Hund nach hinten oder zur Seite hüpft.

Slalom – Hund außen

Bei dieser Übungsstation stehen vier Pylonen im Abstand von ungefähr 1 Meter hintereinander. Auf dem Übungsschild ist zu erkennen, dass der Eingang in die Figur zwischen der ersten und der zweiten Pylone erfolgen soll. Das Team betritt die Figur mit der ersten Pylone auf der rechten Seite des Menschen.

Wohin es nach dem Slalom weitergeht, ist abhängig vom weiteren Verlauf des jeweiligen Parcours.

Der Unterschied dieser Übung zu dem im Kapitel „Einfache Figuren" beschriebenen Slalom ist, dass einerseits der Eingang zur rechten Seite hin erfolgt und anderseits die Abstände der Pylonen voneinander nur 1 Meter und nicht 1,5 Meter betragen. Der Hundeführer muss hier also noch mehr darauf achten, dass er seinem Hund in den Wendungen ausreichend Platz lässt.

Diese Übung wird in der Schweiz zusätzlich zu dem weiter vorn beschriebenen Slalom angeboten.

Spirale – Hund außen

Bei dieser Übung stehen drei Pylonen jeweils 1 Meter voneinander entfernt in einer Linie hintereinander. Mensch und Hund gehen hinter der ersten Pylone nach rechts in die Figur hinein. Dann wird nacheinander jede einzelne Pylone einmal komplett umrundet. Der Hund soll die gesamte Zeit bei Fuß laufen.

Diese Übung unterscheidet sich sowohl im Aufbau (der Abstand zwischen den Pylonen beträgt nur 1 Meter statt 1,5 Meter) als auch in der Ausführung von der im Kapitel „Einfache Figuren" beschriebenen Spirale. Die engen Umrundungen um jede einzelne Pylone verlangen konzentriertes Arbeiten vom Hundeführer, damit sein Hund weder zurückbleibt noch an der falschen Seite der Pylonen vorbeiläuft oder sie gar umwirft.

Diese Spiralenübung wird (wie auch die folgende) in der Schweiz anstelle der vorn beschriebenen Spiralen gelaufen.

Spirale – Hund innen

Drei Pylonen stehen im Abstand von je 1 Meter in einer Linie hinter (oder neben) dem Übungsschild. Das Team geht gemeinsam zwischen der ersten und zweiten Pylone nach links in die Figur hinein und umrundet jede einzelne Pylone. Der Hund soll während der gesamten Zeit bei Fuß laufen.

Der Aufbau der Übung „Spirale – Hund innen" ist identisch zur vorher beschriebenen Übung „Spirale – Hund außen"; was die Ausführung betrifft, ist er ihr Spiegelbild. Die Schwierigkeit für das Team liegt wiederum in dem auf 1 Meter verkürzten Abstand zwischen den Pylonen und den engen Umrundungen um jede einzelne Pylone, die besondere Konzentration erfordern.

Die erste Pylone wird umkreist.

Auch um die zweite Pylone muss das Team ganz herumlaufen.

Der Laufweg unterscheidet sich davon, wie er in Deutschland ausgeführt wird. (Fotos: Anna Auerbach)

PARCOURS

Überraschung und Spannung für das Team

Bereits wenn die ersten Übungen klappen, sollte der nächste Schritt erfolgen, nämlich die Kombination mehrerer Übungen zu einem Parcours.

Was muss man sich nun unter einem Rally-Obedience-Parcours vorstellen? Ganz allgemein ist zu sagen, dass der Parcours zumindest für den Hund eine spannende, bunte Wundertüte darstellt. Er wird von einer Übungsstation zur nächsten geführt, kann nie erahnen, was ihn dort erwartet, welche Aufgabe sein Hundeführer ihm abverlangt. Er bleibt interessiert, ist aufmerksam und begeistert darüber, welch tolle Beschäftigung sein Mensch ihm anbietet.

Beim Menschen kann der Parcours nur für die gleiche Begeisterung sorgen, wenn er weiß, wie die Übungen auf den Schildern durchzuführen sind, und wenn er sich den Verlauf des Parcours merken kann.

Übungsstrecken

Im Anfängertraining werden den Rally-Obedience-Sportlern oft kurze, einfache Übungsstrecken mit insgesamt ungefähr sechs bis acht Übungsstationen angeboten. Die Abbildung zeigt ein Beispiel für eine solche Übungsstrecke.

Sieben Übungsstationen, zusätzlich Start und Ziel, das ist eine der einfachsten Übungsstrecken, die es gibt. Um einen intensiveren Trainingseffekt zu erzielen, wurden hier nur drei unterschiedliche Übungsschilder verwendet, die aber auf der Übungsstrecke jeweils zweimal abzuarbeiten sind. Dazu kommt am Ende des Hinweges die Rechtskehrt-Übung.

Diese Art Übungsstrecke wird von allen Teilnehmern des Trainings sehr geschätzt, wenn es darum geht, neue Übungen zu erlernen. Wenn die Übung beim ersten Mal auf der Strecke noch nicht so gut gelingt, so ergreifen sie die Chance, die Übung beim zweiten Mal besser zu arbeiten. Wird dann die gesamte Übungsstrecke wiederholt, haben die Teams am Ende die meisten Übungen viermal gezeigt. Der Trainingserfolg lässt dann auch nicht lange auf sich warten. Die Menschen und Hunde werden schnell sicherer in der Umsetzung der geforderten Aufgaben.

Für den Trainer besteht die Möglichkeit, die Schilder für eine weitere Trainingseinheit einfach durch neue Übungen auszutauschen, die Anordnung der Schilderhalter aber so zu belassen. So kann mit einem minimalen Aufbau ein Maximum an Trainingserfolg erzielt werden.

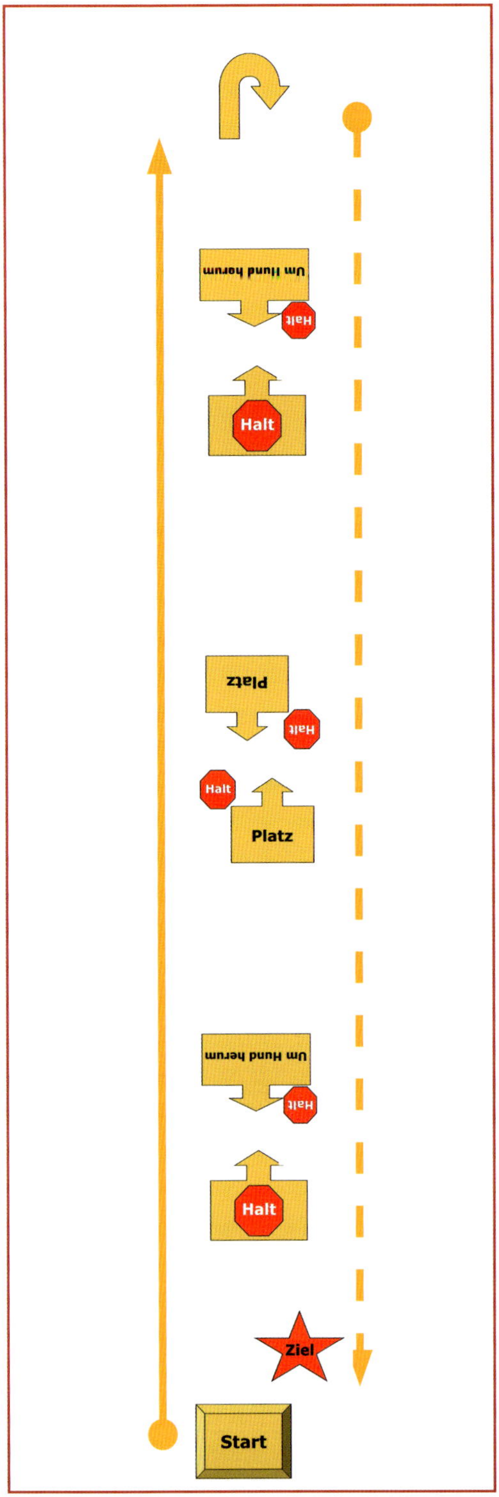

Vorschläge für eine gerade ...

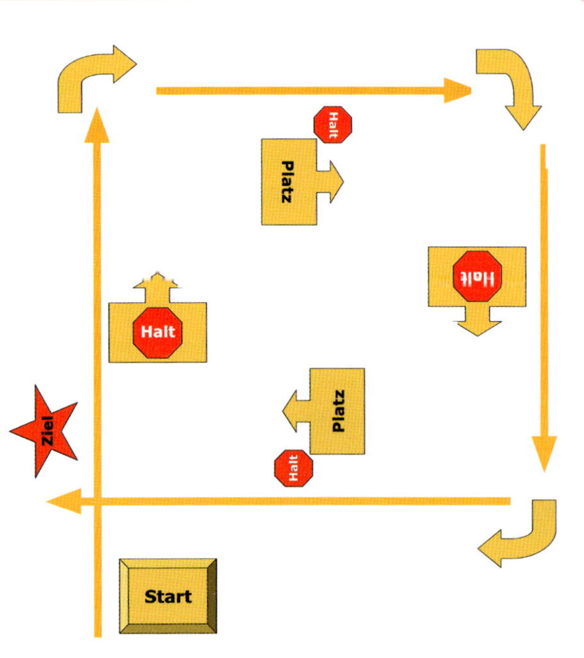

... und für eine quadratisch angelegte Übungsstrecke.

Selbstverständlich sind auch andere Anordnungen möglich, wie zum Beispiel ein kleines Viereck.

Auch hier ist es möglich, den Aufbau mehrfach zu verwenden. Werden Start und Ziel getauscht und die Laufrichtung geändert, können Linkswendungen und weitere Übungen erarbeitet werden. Die Kombination weniger ausgewählter Übungsschilder, die mehrfache Wiederholung jedes Übungsschildes und ein kurzer einfacher Weg sind die Gemeinsamkeiten dieser beiden Übungsstrecken.

Miniparcours

Bevor ein Rally-Obedience-Sportler auf einen Turnierparcours stößt, wird er im Training auf vielfältigste Weise Kombinationen von Übungsschildern in kleinen Parcours kennenlernen. Wie Fahrschüler, die sich erst nach und nach mit dem

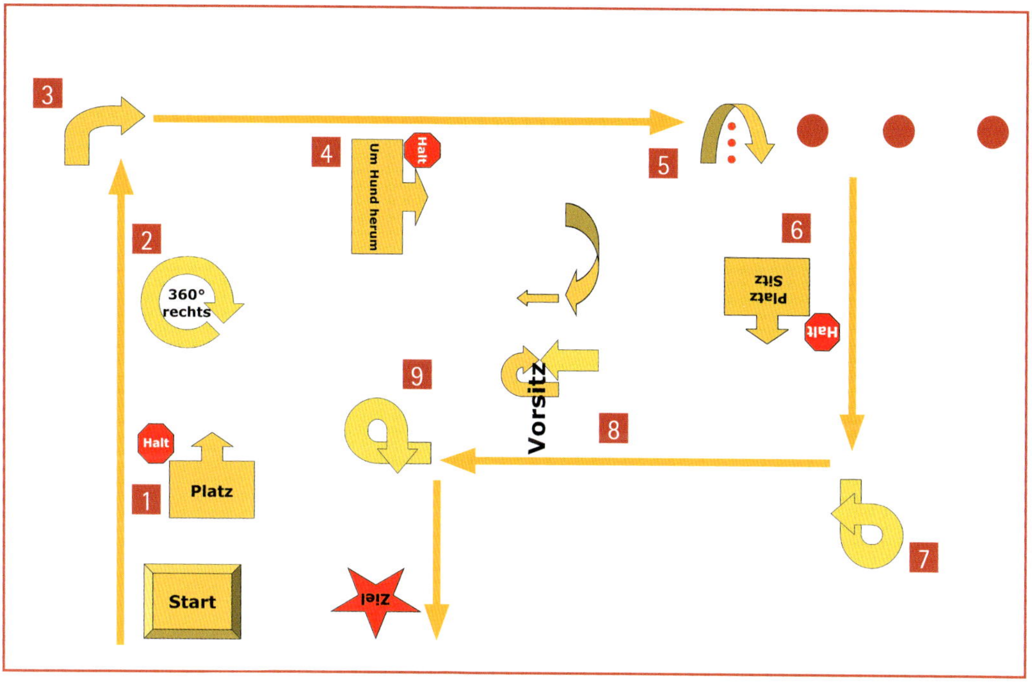

Ein erster Mini-Parcours mit den Anforderungen der Beginnerklasse.

Fahrzeug, mit den Verkehrsregeln und zuletzt mit den umliegenden Straßen und Ortschaften vertraut machen, bevor sie auf große Touren über die Autobahn in fremde Städte gehen, soll sich der Rally-Obedience-Schüler den Weg zum Ziel, dem Turnierparcours, langsam erarbeiten. Die Anforderungen an den Hundeführer sind nicht zu unterschätzen. Die Übung auf dem Schild muss verstanden werden, der Mensch sollte sie mit dem Hund gemeinsam umsetzen können, die Position für die Ausführung der Übung spielt eine Rolle und letztendlich sollte der Mensch auch wissen, in welche Richtung es weitergeht. Miniparcours dienen in diesem Zusammenhang dazu, eine begrenzte Anzahl von bis dahin neu gelernten Übungen praktisch umzusetzen. Sie sind kurz und erhalten dadurch die Motivation bei Mensch und Hund aufrecht. Sie simulieren für das Team die Situation in einem großen, vollständigen Parcours, wo sich jede Übungsstation von der anderen unterscheidet. Die Abbildung zeigt, wie ein Miniparcours der Beginnerklasse aussehen könnte. Verwendet wurden hier ausschließlich Übungsschilder aus dieser Klasse. Der Weg geht nur in eine Richtung, die Anzahl der Stationen ist mit neun Schildern so niedrig, dass die Konzentrationsfähigkeit von Mensch und Hund nicht überstrapaziert wird. Mithilfe solcher kleiner Parcours können Rally-Obedience-Einsteiger langsam an die Herausforderung herangeführt werden, die ein vollständiger Turnierparcours an sie stellt.

Fortgeschrittene Rally-Obedience-Sportler können hier neu erlernte Übungen der oberen Klassen im Zusammenhang mit schon bekannten Übungen trainieren, wobei durch die geringere Anzahl der Übungsstationen der Schwerpunkt deutlich auf die neuen Übungen gelegt werden kann oder darauf, die neu erlernten Übungen in unterschiedlichen Kombinationen zu üben.

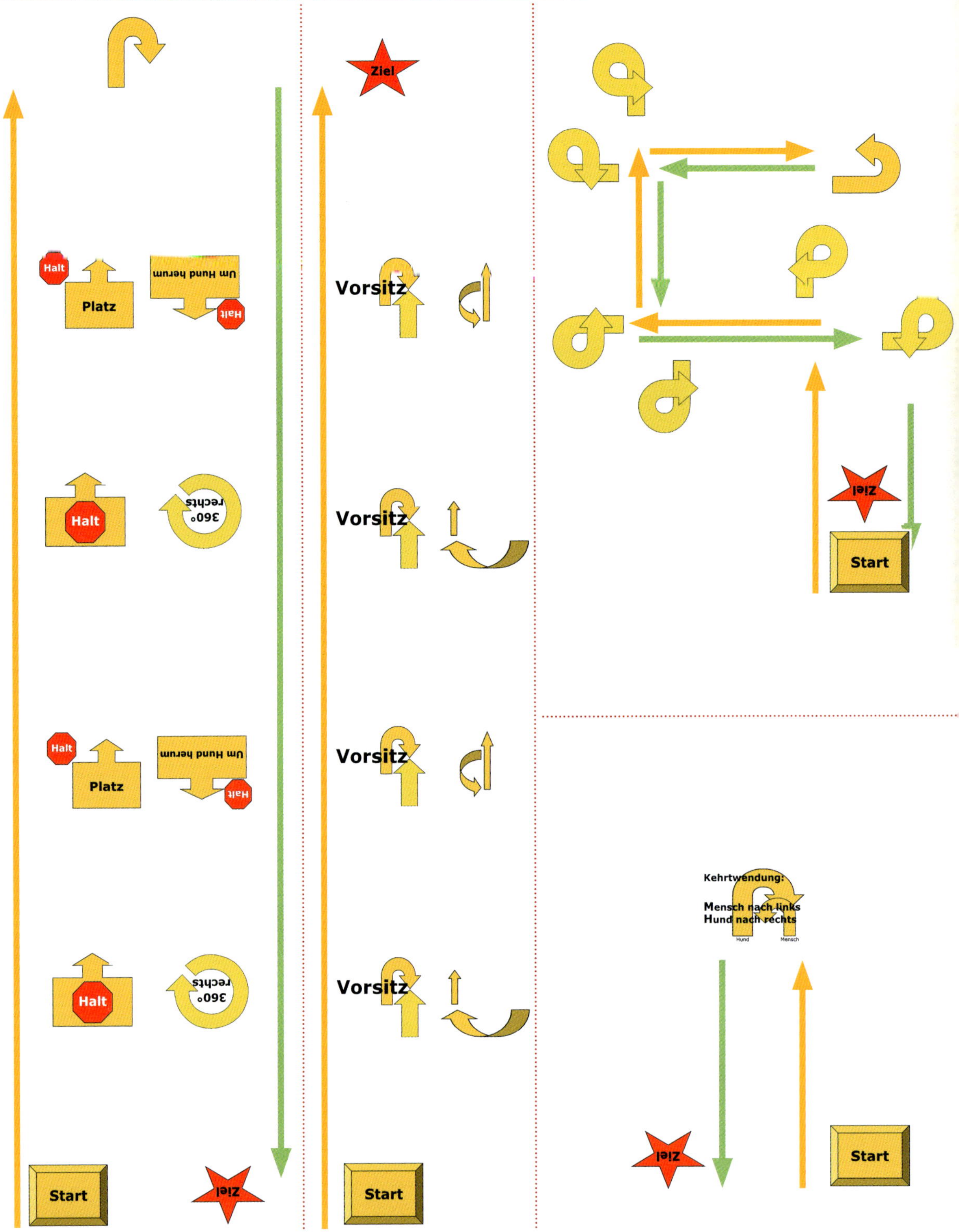

Ein Vorschlag für das Beginnertraining an Stationen.

Das Training an Stationen kann individuell an die Bedürfnisse der jeweiligen Trainingsgruppe angepasst werden. (Foto: Angelika Schröder)

Training an Stationen

Unter Training an Stationen ist etwas anderes zu verstehen als unter Training an einzelnen Übungsstationen. Beim Training an Stationen werden zwei bis vier unabhängige Übungsstrecken oder Miniparcours nebeneinander aufgebaut.

Auf einer ersten Strecke können die Teams zum Beispiel Übungen trainieren, die schon in den vergangenen Stunden erlernt wurden. Diese Strecke dient der Wiederholung und Festigung der bekannten Übungen. Die Teilnehmer sind sogar schon in der Lage, gegenseitig Rückmeldung zu geben, sich gegenseitig zu korrigieren und einander Verbesserungsvorschläge für die Übungsausführung zu machen.

Auf einer zweiten Übungsstrecke werden neue Übungen vorgestellt und unter Anleitung des Trainers intensiv erarbeitet.

Die dritte Station könnte ein Miniparcours sein, der einen inhaltlichen Schwerpunkt hat (zum Beispiel Drehungen auf der Stelle), in dem aber Übungen vorkommen, die den Teilnehmern bereits in vorausgegangenen Stunden erklärt wurden.

Die vierte und letzte Station besteht möglicherweise nur aus zwei aufeinanderfolgenden, aber zusammengehörenden Übungsschildern, denen als Einzelübung besonderes Gewicht beigemessen werden soll.

Der Trainer entscheidet, wie er vorgehen möchte. Er kann die vier Stationen nacheinander mit allen Teams abarbeiten. Es besteht aber auch die

Möglichkeit, dass er zu Beginn der Trainingsstunde alle Stationen und Übungen vorstellt und erläutert und sich selbst dann an der zweiten Station positioniert, an der die neuen Übungen trainiert werden, während die Teilnehmer sich gleichmäßig auf alle vier Stationen verteilen. In vorgegebenen zeitlichen Abständen wechseln die Teams die Stationen.

Voraussetzung für die letztere Trainingsmethode ist, dass die Teilnehmer schon Grundkenntnisse haben, dass sie gelernt haben und es gewohnt sind, aufeinander zu achten und sich gegenseitig Feedback zu geben. Für Fragen und Unklarheiten steht der Trainer selbstverständlich jederzeit zur Verfügung. Ansonsten kümmert er sich nacheinander um jeden der Teilnehmer an der Station, an der neue Übungen zu erlernen sind, und sorgt hier dafür, dass die korrekte Ausführung gelingt.

Ein denkbares Beispiel für ein Beginnertraining an Stationen zeigt wieder die entsprechende Abbildung.

An der ersten Station finden die Teams Wiederholungen aus dem letzten Training, an der zweiten (mit Betreuung durch den Trainer) als neue Übungen den Vorsitz mit unterschiedlichen Zusatzschildern, an der dritten Station einen kleinen Parcours mit Drehungen auf der Stelle und zuletzt der Kehrtwendung (Mensch nach links, Hund nach rechts).

Diese Trainingsform erlaubt ein breites Variationsspektrum. Nicht nur die Anzahl der Stationen und der Einsatzort des Trainers sind frei wählbar, sondern eigentlich alles.

Im praktischen Einsatz wird das Training an Stationen von den Teilnehmern sehr geschätzt. Es wird als intensiver empfunden als ein Parcourstraining, da kaum Wartezeiten entstehen. Im Gegenteil ist es für den Trainer oftmals notwendig, die Teilnehmer zum Pausieren aufzufordern, um auch den Hunden Gelegenheit zu geben, sich zu erholen. Nach solchen Stunden beschreiben die Menschen ihre Hunde (und auch sich selbst) als „fix und fertig". Das Training ist anstrengend, gleichzeitig aber macht es hochzufrieden, weil die Weiterentwicklung, die innerhalb einer Trainingsstunde erreicht wird, so groß ist.

Beispiele für Übungsparcours

Steht ein Trainer vor der Aufgabe, einen Übungsparcours für seine Gruppe zu entwerfen, so kann er dabei mehrere Wege beschreiten. Er könnte damit beginnen, dass er sich einen Verlauf für seinen Parcours ausdenkt, diesen festlegt und anschließend mit Übungen füllt, die sowohl zum Verlauf passen als auch bezüglich des Schwierigkeitsgrads für seine Gruppe geeignet sind. Den gleichen Parcoursverlauf nutzt er dann als Grundlage für weitere Trainingsgruppen, die auf einem anderen Niveau trainieren.

Eine alternative Herangehensweise an die Parcourserstellung ist, zuerst alle die Übungsschilder festzulegen, die in dem Parcours verwendet werden sollen, und danach erst den Parcoursverlauf zu entwerfen.

Beide Varianten haben ihre Vor- und Nachteile. Der Vorteil der ersten Variante ist die Möglichkeit eines schnellen Wechsels der Übungsschilder, zum Beispiel von Klasse 1 zu Klasse 2. Voraussetzung ist, dass die Teilnehmer alle Übungen ihrer Klasse beherrschen. Von Nachteil könnte sein, dass die Auswahl der Übungen zu sehr dem vorher festgelegten Verlauf folgen muss, anstatt den Bedürfnissen der speziellen Trainingsgruppe zu entsprechen.

Die zweite Variante geht davon aus, welche Übungen der Trainer für die Trainingsgruppe als notwendig erachtet. Dementsprechend werden im Parcours inhaltliche Schwerpunkte gesetzt.

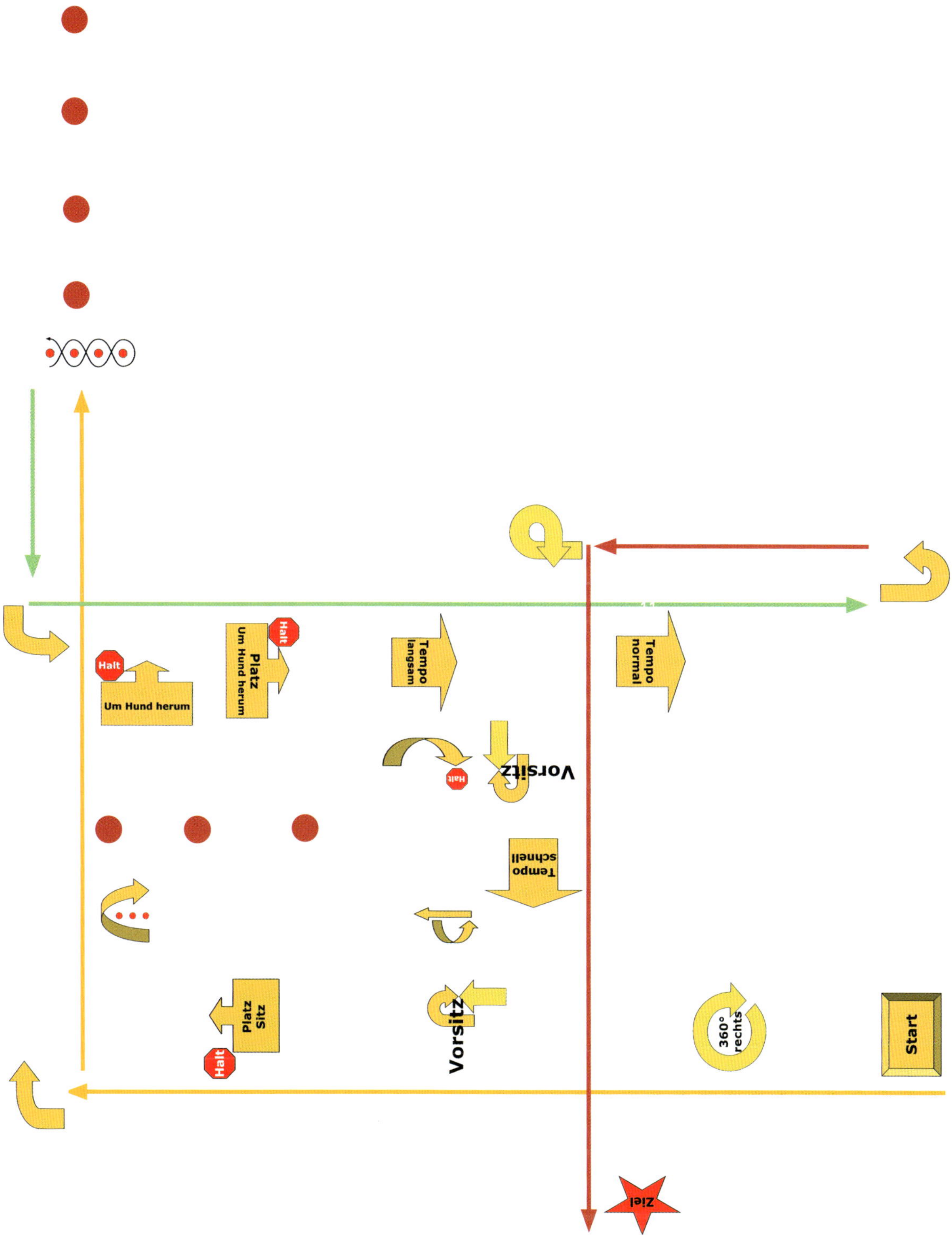

Ein Trainingsparcours mit Übungen der Beginnerklasse.

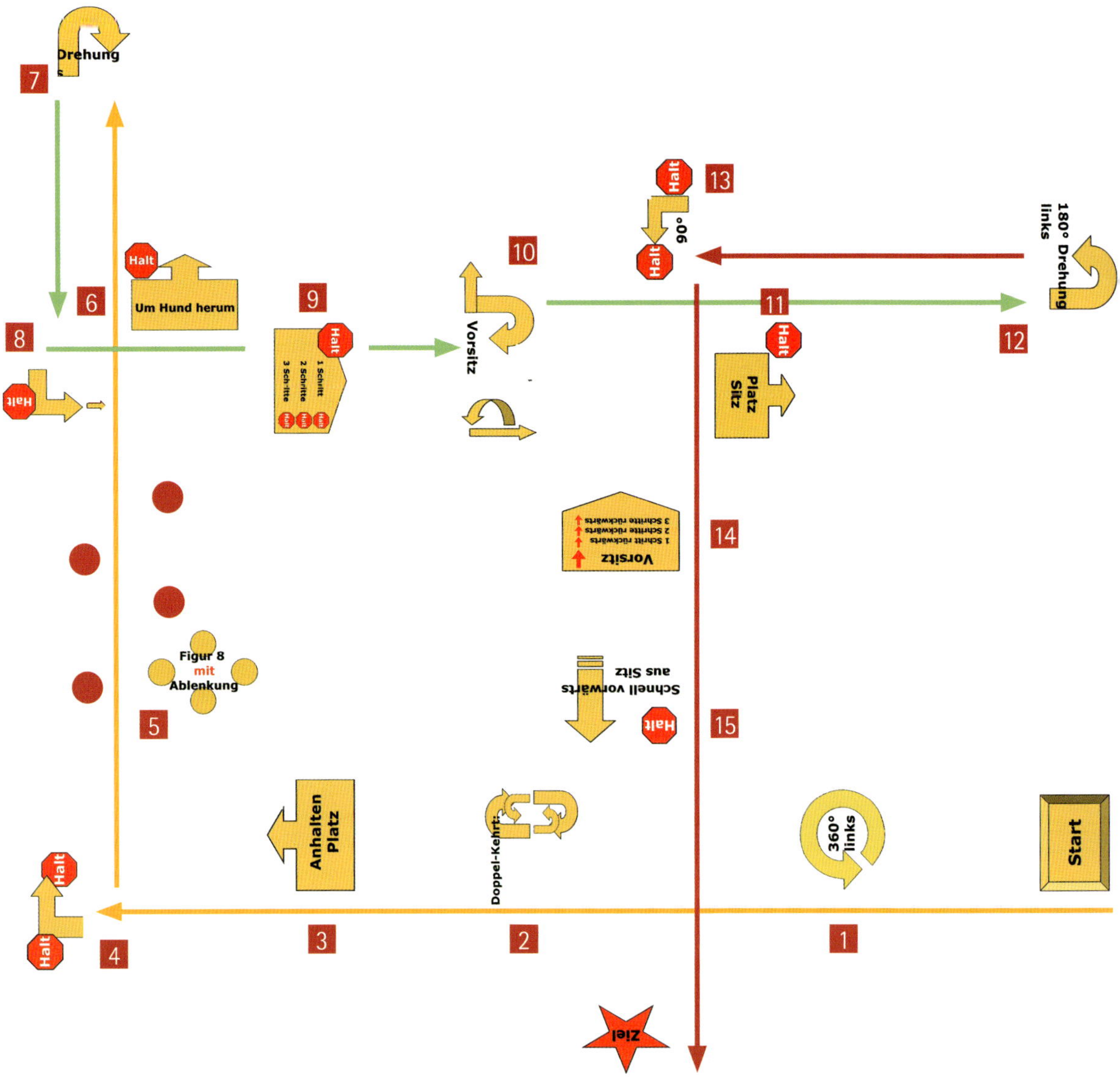

Der Parcours der Klasse 1 ist gleich aufgebaut, jedoch mit anderen Übungen.

Der Nachteil ist, dass ein Umrüsten auf einen anderen Schwierigkeitsgrad einen sehr viel größeren Zeitaufwand erfordert, weil sich dadurch mit großer Wahrscheinlichkeit ein völlig neuer Weg durch den Parcours ergeben wird.

Die Abbildungen zeigen zwei Parcours der ersten Variante, also mit identischem Verlauf, im Vergleich. Der erste Übungsparcours ist ein Beginnerparcours, der zweite ein Klasse-1-Parcours. Der Unterschied besteht also in der Auswahl der Übungsschilder, die im zweiten Parcours bis auf zwei Ausnahmen alle aus der Klasse 1 entnommen sind.

Für den Trainer stellt sich die Frage, in welcher Trainingssituation er sich gerade befindet. Folgen zwei Trainingsgruppen hintereinander, dann ist die hier vorgestellte Art des Parcoursaufbaus sehr zeitsparend. In wenigen Minuten ist der Trainingsparcours von der Beginnerklasse zu Klasse 1 geändert. Finden die Trainings an unterschiedlichen Tagen statt, ist es sicherlich der bessere Weg, den Parcours nach den individuellen Bedürfnissen der jeweiligen Trainingsgruppe zu bauen.

Beide Parcours haben keinen inhaltlichen Schwerpunkt, wie zum Beispiel Vorsitzübungen, Linksdrehungen oder 180-Grad-Drehungen (was auch möglich wäre), sondern es wird ganz allgemein mit den Übungsschildern der jeweiligen Leistungsklasse gearbeitet.

Turnierparcours

Für Rally-Obedience-Parcours, wie sie von Leistungsrichtern bei offiziellen Turnieren gestellt werden, gelten besondere Regeln. Einerseits steigert sich die Anzahl der Übungsstationen von 15 bis 18 in der Klasse Beginner bis hin zu 22 bis 24 in der Klasse 3. In den Parcours der unterschiedlichen Leistungsklassen müssen außerdem bestimmte Übungen oder Übungskombinationen enthalten sein.

In Klasse 1 sind zum Beispiel eine Linksdrehung und eine 90-Grad-Drehung auf der Stelle Pflicht. Parcours der Klasse Beginner und Klasse 1 dürfen mit oder ohne Leine gelaufen werden und nach den stationären Übungen ist das Belohnen mit Futter erlaubt.

In Klasse 2 müssen eine Abrufübung, bestimmte Sprungübungen, eine ausgewählte 180-Grad-Drehung und eine Verweigerungsübung im Parcours enthalten sein.

In Klasse 3 kommen weitere Sprung-, Abruf- und Stehübungen hinzu. Die Parcours der Klassen 2 und 3 müssen ohne Leine bewältigt werden. Futterbelohnungen sind in diesen Parcours nicht mehr erlaubt.

Das Besondere an der Seniorenklasse ist, dass bestimmte Übungen, die für die älteren Hunde zu belastend sind, nicht im Parcours stehen dürfen. Der Parcours hat nur zwölf Übungsstationen, die Senioren dürfen während des Laufs jederzeit gefüttert werden, solange es den flüssigen Ablauf nicht stört, und es ist kein Zeitlimit gegeben.

Der Unterschied zwischen Trainingsparcours und Turnierparcours ist damit offensichtlich. Im Training wird der Schwierigkeitsgrad langsam gesteigert. Die Parcours sind abgestimmt auf die Vorkenntnisse der jeweiligen Gruppe, die Parcours haben möglicherweise einen Trainingsschwerpunkt. Die Turnierparcours unterliegen dagegen den oben beschriebenen Vorgaben sowohl hinsichtlich der Anzahl als auch der Auswahl der Übungen.

Welche exakten Bedingungen Turnierparcours erfüllen müssen, kommt auf das jeweils zugrundeliegende Regelwerk an. Alle Rally-Obedience-Regelwerke sind im Internet zu finden. (Adressen siehe Quellenverzeichnis im Anhang.)

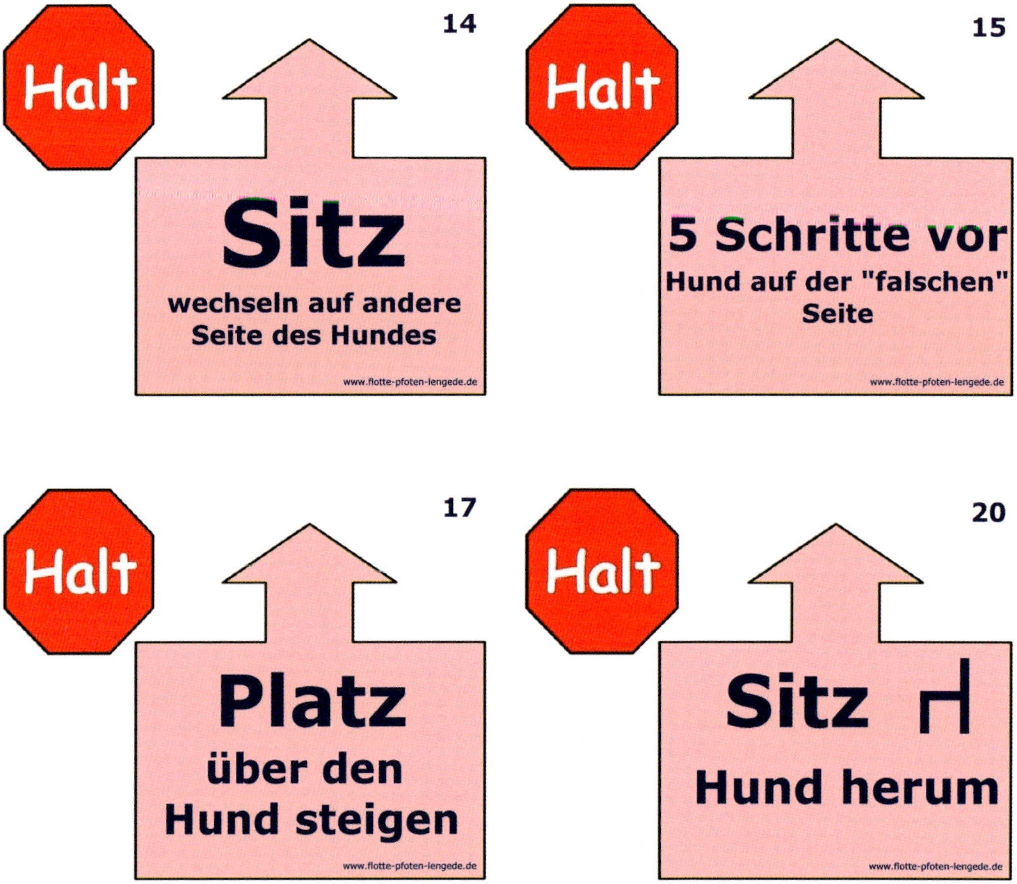

Hier einige Ideen für selbst erdachte Übungsschilder

Spiele

Rally-Obedience-Spiele? – Ja, auch das ist möglich. Im Rally Obedience können Spiele als unterhaltsamer, fröhlicher Abschluss eines Leistungswettkampfes durchgeführt werden, wenn der Veranstalter das gern möchte. Auch bei Veranstaltungen des eigenen Vereins oder der eigenen Trainingsgruppe können Rally-Obedience-Spiele für jedermann eine lustige Bereicherung sein. Für die auszuführenden Übungen gibt es keinerlei Regeln. Es dürfen die Originalübungen sein, aber auch erfundene Spaßübungen sind erlaubt.

Wer sich nun unter solchen Spielen gar nichts vorstellen kann, dem sei hier mit ein paar Ideen geholfen.

Im Folgenden ein sehr einfach zu organisierendes Spiel mit „offiziellen" Übungen, das allen Beteiligten in der Regel sehr viel Spaß macht:

Zwei gleiche Parcours werden nebeneinander aufgebaut. Es sind reine Laufparcours, das heißt, es werden keine stationären Übungen verwendet. Jeweils zwei Teams treten gegeneinander

In zwei parallel aufgebauten, identischen Parcours laufen die Teams um die Wette. (Foto: Angelika Schröder)

an. Die Teams starten gleichzeitig, bei Fehlern fordert der Richter zur Wiederholung der Übung auf. Gewonnen hat, wer als Erster fehlerfrei über die Ziellinie läuft.

Alternativ ist ein Staffellauf möglich. Dafür werden die Teilnehmer in zwei Gruppen aufgeteilt. Zwei identische Parcours stehen nebeneinander. Zwei Teams starten gleichzeitig; nach dem Überschreiten der Ziellinie geht das jeweils nächste Team aus der Gruppe los. Erschwerend könnte der Mensch noch einen gefüllten Wasserbecher transportieren. Dadurch, dass bei ungenauer oder fehlerhafter Ausführung die betreffende Übung wiederholt werden muss, zählt nicht nur das Tempo, sondern eben auch die Arbeitsgenauigkeit des Teams. Bei der Auswahl der Übungsschilder gibt es zum Beispiel die sehr reizvolle Variante, ausschließlich Figuren laufen zu lassen, sei es mit Pylonen oder mit Futterschüsseln.

Natürlich können auch selbst erdachte Spaßübungen gelaufen werden.

An dieser Stelle sind der Kreativität und Fantasie der Veranstalter keine Grenzen gesetzt.

RALLY-OBEDIENCE-
Turniere sind anders

Welche Information verbirgt sich hinter diesem Titel? Es weiß doch jeder, wie Hundesportturniere von vielen empfunden werden. Es sind Treffen zu einem Leistungsvergleich, alle Teilnehmer sind aufgeregt, viele sind sehr ehrgeizig, die Stimmung ist angespannt, manch einem (Mensch und Hund) schlägt die Nervosität auf den Magen, nur die „coolsten" Starter sind erfolgreich. Egal, ob es sich um eine Ausstellung oder um eine Hundesportveranstaltung handelt, es ist immer die gleiche angestrengte Situation und viele fragen sich, warum sie sich und dem Hund den Stress überhaupt antun. Und jetzt soll noch ein weiterer Hundesportwettkampf dazukommen? Ja, das stimmt, denn wie die Überschrift schon sagt: Rally-Obedience-Turniere sind anders, und das bleibt hoffentlich auch so.

Die Stimmung bei Rally-Obedience-Turnieren

Auf Rally-Obedience-Turnieren sind neue Starter sicherlich ein wenig aufgeregt, aber übertriebener Ehrgeiz, Anspannung und Nervosität, die auf den Magen schlägt, passen so gar nicht zu diesem schönen Hundesport. Die allgemeine Stimmung ist überhaupt nicht angespannt, sondern vielmehr angeregt, fröhlich und eher vergleichbar mit der Aufregung kleiner Kinder vor der weihnachtlichen Bescherung. Hier erwarten die Teilnehmer gut gelaunt ihre ganz besondere Art der Bescherung: die Bekanntgabe der Parcourspläne. Sie freuen sich auf die Herausforderung, gemeinsam mit ihrem Hund neue und überraschende Kombinationen bekannter Übungen laufen zu dürfen.

Rally-Obedience-Turniere sind kleine Turniere, die Anzahl der Starts ist beschränkt. Dadurch ist es möglich, dass die teilnehmenden Teams einander im Lauf der Zeit recht gut kennenlernen. Die Begrüßung und der Umgang miteinander sind freundlich, wertschätzend und familiär. Fragen nach der Befindlichkeit des Hundes, gegenseitige Anteilnahme bei Erfolg oder Scheitern, Austausch über Trainingsmethoden und Trainingserfolge sind an der Tagesordnung und machen Rally-Obedience-Turniere zu heiteren Zusammenkünften gleich gesinnter Hundesportler.

So fühlt sich Flynn am wohlsten.

Voraussetzungen für die Teilnahme

Eine wohl für jeden selbstverständliche Voraussetzung für die Teilnahme an einem Rally-Obedience-Turnier ist, dass der Hund gesund ist. Leidet er an Übelkeit, an Magen-Darm-Problemen in Form von Durchfall oder schränken Verletzungen wie Zerrungen seine Beweglichkeit so ein, dass er hinkt, dann sollte der Hundeführer auf die Teilnahme am Turnier verzichten. Setzt er sich darüber hinweg, will dennoch starten und der Richter stellt fest, dass der Hund sichtbar leidet, so wird der Richter den Hund vom Platz verweisen.

Hat ein Hund eine körperliche Behinderung, ist er von einer Turnierteilnahme nicht ausgeschlossen, solange ihm seine Behinderung keine Schmerzen verursacht. Gleiches gilt für Menschen, die aufgrund einer körperlichen Behinderung in ihrer Beweglichkeit eingeschränkt sind. Es dürfen sogar Rollstühle mit oder ohne Motor benutzt werden. Wenn bestimmte Übungen wegen der Behinderung bei Mensch oder Hund nicht ausgeführt werden können, beantragt der Hundeführer in seinem Anmeldeformular eine Anpassung des Parcours.

Das Mindestalter für die erste Teilnahme eines Hundes an einem Turnier beträgt 15 Monate. Es ist dabei unerheblich, ob der Hund einer bestimmten Rasse angehört oder ob er ein Mischling ist. Wichtig ist nur, dass der Hundeführer nachweisen kann, dass sein Hund geimpft ist und dass für ihn eine gültige Haftpflichtversicherung vorliegt.

Die Veranstalter erwarten für jedes teilnehmende Team ein ausgefülltes Anmeldeformular, das dem Veranstalter spätestens bei Ablauf der Meldefrist vorliegen muss.

Es gibt die Möglichkeit, dass ein Mensch mit mehreren Hunden starten kann, und es ist auch erlaubt, dass ein Hund von zwei unterschiedlichen Hundeführern geführt wird. Jedes neu gebildete Team beginnt seine Rally-Obedience-Karriere in der untersten Schwierigkeitsklasse und steigt erst auf, nachdem es dort die notwendigen Qualifikationen erworben hat. Die genauen Aufstiegsbedingungen sind in den Regelwerken nachzulesen.

Anders als in vielen anderen Hundesportarten dürfen bei Rally-Obedience-Turnieren auch läufige Hündinnen mitmachen, wenn bestimmte Voraussetzungen erfüllt sind. Für die Hündinnen muss ein gesondertes Parcoursfeld zur Verfügung stehen und sie starten erst als jeweils Letzte in ihrer Leistungsklasse. Ist eine Hündin trächtig oder hat sie gerade Welpen, die noch gesäugt werden, ist sie mit Rücksichtnahme auf ihre eigene Gesundheit von der Teilnahme ausgeschlossen.

Und natürlich sollte das Team die Übungen der Leistungsklasse beherrschen, für die es angemeldet ist. Damit ist auch gemeint, dass Mensch und Hund nicht nur auf dem heimischen Trainingsplatz oder im eigenen Garten trainiert haben, sondern dass insbesondere auch Ablenkung durch fremde Menschen und Hunde zu ihrem vorbereitenden Trainingsprogramm gehörten.

Rally Obedience ist eine Hundesportart für jedermann. Jeder Hundeführer, dessen Hund gehorsam und mit anderen Hunden und Menschen verträglich ist, darf teilnehmen. Weder die Sicherheit der anderen Hunde noch der anderen Menschen darf durch aggressives Verhalten in Gefahr sein. Zeigt ein Hund solches Verhalten, wird er durch den Veranstalter oder den Wertungsrichter von der Teilnahme ausgeschlossen.

Im Turnier soll der Hund ein gut passendes flaches Halsband tragen (etwas größer als der Halsumfang), das sich entweder mit einer Schnalle oder mit einem Schnappverschluss öffnen und schließen lässt. Fühlt er sich in einem Standardgeschirr wohler, ist auch diese Variante möglich. Sind Anhänger oder Aufkleber an Halsband oder Geschirr, die den Hund in der Bewegung nicht stören, müssen sie nicht entfernt werden. Auf Hundekleidung oder Dekorationen muss das Team allerdings verzichten.

Das Material für die Leine sucht sich der Hundeführer selbst aus, Hauptsache er benutzt keine Ausziehleine oder Kette aus Metall.

Nachdem umfassend beschrieben wurde, dass beim Rally Obedience ausschließlich mit positiver Verstärkung ausgebildet und gearbeitet wird, versteht es sich von selbst, dass jede Art von Starkzwangmitteln verboten ist, wie Stachelhalsbänder, Würger oder Halsbänder, die mit Strom oder Druckluft betrieben werden.

Für Hunde, die noch Hundekopfhalfter oder Antizuggeschirre brauchen, um ordentlich bei Fuß zu gehen, ist es für eine Turnierteilnahme zu früh; diese Hilfsmittel dürfen im Turnier nicht eingesetzt werden.

Was uns erwartet

Bevor wir mit unserem Hund das Parcoursfeld eines Rally-Obedience-Turniers betreten, sind im Vorfeld eine Menge Punkte zu bedenken und zu erledigen. Nachdem die Anmeldung bestätigt ist, kann die weitere Vorbereitung in Angriff genommen werden.

Am Anfang steht die Anreise. Eine Checkliste mit allen benötigten Unterlagen und Utensilien leistet bei der Vorbereitung große Hilfe.

Anmeldung an der Meldestelle.
(Foto: Angelika Schröder)

Unbedingt mitzubringen sind zum Beispiel Impf- und Versicherungsunterlagen des Hundes und die Turnierkarte. Gute Planung heißt auch großzügige Planung. Das Navigationsgerät im Auto mit der Adresse zu füttern, dem Hund im Auto ein bequemes Lager zur Verfügung zu stellen, auf dem er sich ausruhen kann, und rechtzeitig von zu Hause loszufahren sind Maßnahmen, die eine entspannte Anreise ermöglichen. Für die bequeme Unterbringung auf dem Turniergelände mögen die meisten Hunde eine von zu Hause bekannte Box oder einen Kennel, wohin sie sich zurückziehen können. Hier finden sie Schutz und Ruhe und haben Abstand zu der unbekannten, neuen Umgebung. Um den menschlichen Teil des Teams nicht ganz zu vergessen: Ein Klappstuhl oder eine entsprechende Sitzgelegenheit für den Menschen gehört ebenfalls ins Reisegepäck.

Auf dem Veranstaltungsgelände sollte dann zuerst der Gang zum Meldebüro erfolgen, wo die Papiere des Hundes vorgelegt oder abgegeben werden und wo es im Gegenzug eine Startnummer und meist auch einen Parcoursplan gibt.

Wurden die örtlichen Gegebenheiten wie Stellplätze für Boxen, Toiletten, Gassiwege und Bewirtungsbereich in Augenschein genommen, kann der Hundeführer seine gesamte Aufmerksamkeit dem Parcoursfeld mit Eingangs- und Vorbereitungsbereich widmen und sich damit vertraut machen.

Die Reihenfolge, in der die unterschiedlichen Leistungsklassen starten, muss nicht aufsteigend sein, sondern ist vom Veranstalter individuell festgelegt.

Vor jeder Leistungsklasse findet eine zehnminütige Parcoursbegehung statt, in der die Starter sich mit den Übungen und dem Verlauf des Parcours vertraut machen können. Im abgetrennten Vorbereitungsbereich wird der Hund aufgewärmt und auf den anschließenden Lauf eingestimmt. Nach der Halsbandkontrolle wartet der Starter noch auf die Freigabe des Parcours durch den Richter, dann geht es los.

Der Richter wird von einem Ringsteward begleitet, der eventuelle Bewertungen und Kommentare des Richters auf dem Bewertungsbogen notiert. Ein Zeitnehmer sitzt oder steht an der Start-/Ziellinie und gibt am Ende des Laufs das gemessene Ergebnis bekannt.

Der Richter nennt unmittelbar nach dem Lauf den erreichten Punktstand des Teams; der Bewertungsbogen wird der Meldestelle übergeben, wo die Daten sofort für die Ergebnisliste eingetragen und gespeichert werden.

Jedes Turnier endet mit einer Siegerehrung, bei der an die Starter Urkunden, meist auch Turnierschleifen und kleine Sachpreise vergeben werden. Abschließend holen die Hundeführer dann noch ihre Turnierkarten mit eingetragenen Ergebnissen und Unterschrift des Leistungsrichters sowie die Impf- und Versicherungsunterlagen ihrer Hunde an der Meldestelle ab, bevor sich alle auf den Heimweg machen.

Regelwerke müssen sein

Stimmt das? Müssen wir tatsächlich auch Rally Obedience als Hundesport reglementieren? Können wir nicht einfach mit unseren Hunden Spaß haben, sie sinnvoll auslasten, nebenbei gleich gesinnte Hundebesitzer kennenlernen und in Ruhe unserem Hobby nachgehen?

Das eine schließt das andere nicht aus. Ohne Regeln, ohne Absprachen, ohne genaue Beschreibungen ist allerdings jeder Vergleich von Rally-Obedience-Teams unmöglich.

Solange ein Mensch mit seinem Hund Rally Obedience betreibt, die Übungen so ausführt, wie er es für angemessen hält und sich auch seine Übungsstrecken oder Parcours so stellt, wie es für ihn passt, hat das einzelne Team sich sicherlich gut und sinnvoll beschäftigt.

Sobald aber nur ein einziges weiteres Team dazukommt, sind bereits Absprachen über die Ausführung der Übungen notwendig. Und das wird umso wichtiger, je mehr Teams sich anschließen und je weiter das Interesse an Leistungsvergleichen und an Wettkämpfen wächst.

Obwohl in unseren Nachbarländern Dänemark und Niederlande sowie in Norwegen und Schweden teilweise langjährige und erfahrene Rally-Obedience-Sportler tätig sind, würde es den Rahmen dieses Buches sprengen, auf alle internationalen Unterschiede einzugehen. Die folgende Darstellung beschränkt sich deshalb auf den deutschsprachigen Raum. Soweit vorhanden, sollen die Reglements der übergeordneten Hundeverbände der jeweiligen Nation kurz vorgestellt werden.

Österreich

In Österreich wird Rally Obedience in erster Linie von einigen privaten Hundeschulen, Trainingsgruppen und von einer Reihe von Vereinen angeboten. Im Österreichischen Kynologenverband (ÖKV), dem Dachverband zahlreicher österreichischer Vereine, ist Rally Obedience als offizielle Hundesportart noch nicht anerkannt. Die Gruppe „Baden" des Österreichischen Rassehundevereins (ÖRV) hat allerdings im November 2009 einen Entwurf für ein „Austrian Rally Obedience Reglement" vorgelegt, der sich an den Regelwerken der beiden amerikanischen Verbände American Kennel Club (AKC) und Association of Pet Dog Trainers (APDT) orientiert, dabei aber nur eine begrenzte Auswahl von 47 Übungen beinhaltet.

Schweiz

In der Schweiz hat die „Schweizer Kynologische Gesellschaft" (SKG) als übergeordneter Verband für das Hundewesen eine Kommission (Polydog) damit beauftragt, sich mit der Pflege und Förderung ausgewählter Hundesportarten zu befassen, zu denen auch Rally Obedience zählt. Im November 2011 hat die Kommission Polydog ein Rally-Obedience-Wettkampfreglement herausgegeben, das die dort beschriebenen insgesamt 53 Übungen in drei unterschiedliche Leistungsklassen einteilt. Nach diesem Reglement werden Turniere ausgerichtet und es finden Seminare zur Weiterbildung interessierter Übungsleiter und Hundeführer statt.

Im Regelwerk der SKG zählt jede Übung 10 Punkte, dazu kommen 20 Punkte für den allgemeinen Eindruck des Teams. Es gibt also keine festgelegte Gesamtpunktzahl für alle Turniere. Je nachdem, welcher Prozentsatz der Gesamtpunktzahl erreicht wurde, erhält das Team die Bewertung V (95 Prozent), SG (90 Prozent) oder G (80 Prozent).

In der Einsteigerklasse dürfen die Hunde nach Ausführung der Übung mit Futter belohnt werden, was aber einen generellen Abzug von drei Punkten von der Gesamtpunktzahl zur Folge hat.

Besonders zu nennen sind fünf Übungen, in denen der Hund einen Apportiergegenstand nehmen, halten, tragen oder ausgeben muss. Derartige Aufgaben gibt es in Österreich und in Deutschland nicht.

Eine weitere Besonderheit sind die Spiralen, bei denen im Unterschied zu allen anderen Ländern alle Pylonen nacheinander einzeln umrundet werden müssen.

Zuletzt sei noch der Slalom genannt, bei dem der Eingang im Unterschied zum deutschen Reglement auf der rechten Seite des Hundeführers liegt.

Deutschland

In Deutschland hat im Oktober 2012 der VDH als übergeordneter Verband für das Hundewesen

Rally Obedience als Hundesportart anerkannt und ein entsprechendes Regelwerk herausgegeben. Mit 74 unterschiedlichen Übungen, vier Zusatzübungen plus Start und Ziel liegt hier ein reichhaltiges Übungsangebot vor. Wenn man berücksichtigt, dass die Zusatzschilder mit den sieben Vorsitzübungen zu kombinieren sind, kommen weitere Kombiübungen dazu, insgesamt bietet das Regelwerk also fast 100 Übungen an.

Die Übungen sind aufgeteilt in unterschiedliche Leistungsklassen: Beginner, Klasse 1, 2 und 3 sowie die Seniorenklasse.

Einige Besonderheiten im Vergleich zu Österreich und der Schweiz sind die Übungen mit Verleitungen, Distanzübungen, bei denen der Hund seine Aufgabe in Entfernung zum Hundeführer zeigen muss, und unterschiedliche Sprünge über Hürden.

In Deutschland dürfen Hunde nicht wie in der Schweiz bereits mit 9 Monaten, sondern, wie bei allen anderen offiziellen Prüfungen und Veranstaltungen, erst mit 15 Monaten an Turnieren teilnehmen.

Ein Blick ins Reglement gehört auch bei Rally-Obedience-Turnieren dazu. (Foto: Angelika Schröder)

(Foto: Angelika Schröder)

AUSBLICK

Eines ist sicher: Der Dornröschenschlaf, in dem Rally Obedience lange Jahre gelegen hat, ist vorbei – die „Prinzessin Rally Obedience" ist aufgewacht, wachgeküsst durch das Engagement einer stetig wachsenden Zahl begeisterter Hundesportler. Diese sorgen auf vielfältigste Art dafür, dass Rally Obedience immer bekannter wird. Ob durch Internetforen, Seminare und Workshops oder Mund-zu-Mund-Propaganda, immer mehr Hundebesitzer entdecken Rally Obedience, interessieren sich dafür und suchen nach Ausbildungs- und Trainingsmöglichkeiten.

Und genau das ist es, was diesem wunderbaren Hundesport zu wünschen ist. Bei der Vielfalt der Möglichkeiten, die Rally Obedience für Mensch und Hund bietet, ist eine weitere Verbreitung natürlich das angestrebte Ziel all der Menschen, die sich dieser attraktiven Sportart verschrieben haben. Weiße Flecke auf der Landkarte, die für Regionen ohne Rally-Obedience-Angebot stehen, sollen verschwinden. Nachdem neben Vereinen nun auch übergeordnete Verbände Rally Obedience in ihr Repertoire aufgenommen und als offizielle Hundesportart anerkannt haben, können deren Netzwerke für Schulungszwecke, Weiterbildungen für Trainer oder Richter und für die Festschreibung und Weiterentwicklung von Übungen und Regelwerken genutzt werden. Ein reger Austausch über die Ausführung einzelner Übungen, die Bedingungen für eine Turnierteilnahme, die Anforderungen an einen Veranstalter oder über Trainingsmöglichkeiten in Vereinen oder privaten Trainingsgruppen trägt intensiv dazu bei, dass weitere Hundesportler sich anschließen.

Entspannte Stimmung und familiären Charakter erhalten

Rally Obedience zeichnet sich unter anderem insbesondere dadurch aus, dass die Stimmung in Trainings und auch in Turnieren entspannt und unverkrampft ist. Das ist sicherlich darauf zurückzuführen, dass der Mensch mit seinem Hund so normal umgehen kann wie zu Hause. Weder der Hundeführer noch der Hund muss sich ein „besonderes" Verhalten abringen. Durch die Erlaubnis, seinen Hund jederzeit motivieren zu dürfen, mit ihm sprechen und ihn anfeuern zu können, entsteht eben diese gelöste, ungezwungene Stimmung, die Rally Obedience in der Ausübung so angenehm macht.

Der Erhalt dieser Atmosphäre sollte allen Rally-Obedience-Sportlern besonders am Herzen liegen.

Es gibt tatsächlich so etwas wie die Familie der Rally Obedience-Sportler. In dieser Sportart sind der Zusammenhalt, die gegenseitige Unterstützung, das füreinander Dasein vergleichbar mit den Strukturen einer intakten Familie. Konkurrierendes, abgrenzendes Auftreten anderen Rally-Obedience-Sportlern gegenüber passt einfach nicht dazu. Rally Obedience ist eine durch und durch motivierende Hundesportart, und das gilt nicht nur für die Hunde, sondern auch für die Menschen.

Neue Übungen

Rally Obedience hat sich auf seinem Weg von Amerika nach Europa verändert und weiterentwickelt, und es soll nun auch nicht stehen bleiben, sondern seine Entwicklung fortsetzen. Die unterschiedlichen Nationen in Europa haben teilweise identische Übungen, teilweise gibt es aber auch große Unterschiede. Es wäre denkbar, dass in größeren zeitlichen Abständen die Übungen ergänzt werden oder ihre Anzahl erhöht wird. So wäre es beispielsweise möglich, dass Österreich und Deutschland die Apportierübungen aus der Schweiz übernehmen oder dass die Schweiz und Österreich die Übungen mit Ablenkungen oder die Abrufübungen aus Deutschland übernehmen. Auch die Entwicklung und Einbeziehung völlig neuer Übungen sind denkbar.

Leistungsvergleiche auf (Bundes-)Länderebene

In den vergangenen 24 Monaten hat sich die Anzahl der in Deutschland ausgerichteten Turniere vervielfacht. Explosionsartig ist auch die Anzahl der Turnierteilnehmer und der Vereine oder Trainingsgruppen gestiegen, in denen Rally Obedience betrieben wird. Da liegt der Gedanke nahe, in nicht zu ferner Zukunft auch überregional Turniere oder Leistungsvergleiche anzustreben und zu veranstalten. Es könnten etwa Wettkämpfe auf Bundesländerebene stattfinden, in denen sich die besten Sportler miteinander messen.

(Foto: Angelika Schröder)

ANHANG

Quellenverzeichnis

Bücher

Dennison, Pamela S.:
Click your way to Rally Obedience. 2. Aufl.
Alpine Publication, 2012

Eldredge, Debra M.:
The Ultimate Guide to Rally-O. 1. Aufl.
TFH Publications, 2011

Kramer, Charles L.:
An Introduction to the Style of Rally Obedience.
3. Aufl.
Fancee Publication, 2005

Websites

http://www.vdh.de/rally-obedience.html
http://www.dvg-hundesport.de/home/fun-sport/rally_obedience.de.html
http://www.rally-obedience-just-for-fun.de/
https://sites.google.com/site/rallyob/
http://www.polydog.ch/cms/home/rally-obedience.html
http://www.rallyobedience.ch/
http://www.hunde-ausbildung.at/PageBaden/Linkpage/RallyObedienceBaden.pdf
http://www.dkk.dk/Rally
http://www.canadianrallyo.ca/
http://www.apdt.com/rally/default.aspx
http://classic.akc.org/events/rally/index.cfm

Beispiele für Turnierparcours

Rally Obedience Parcours Beginnerklasse B

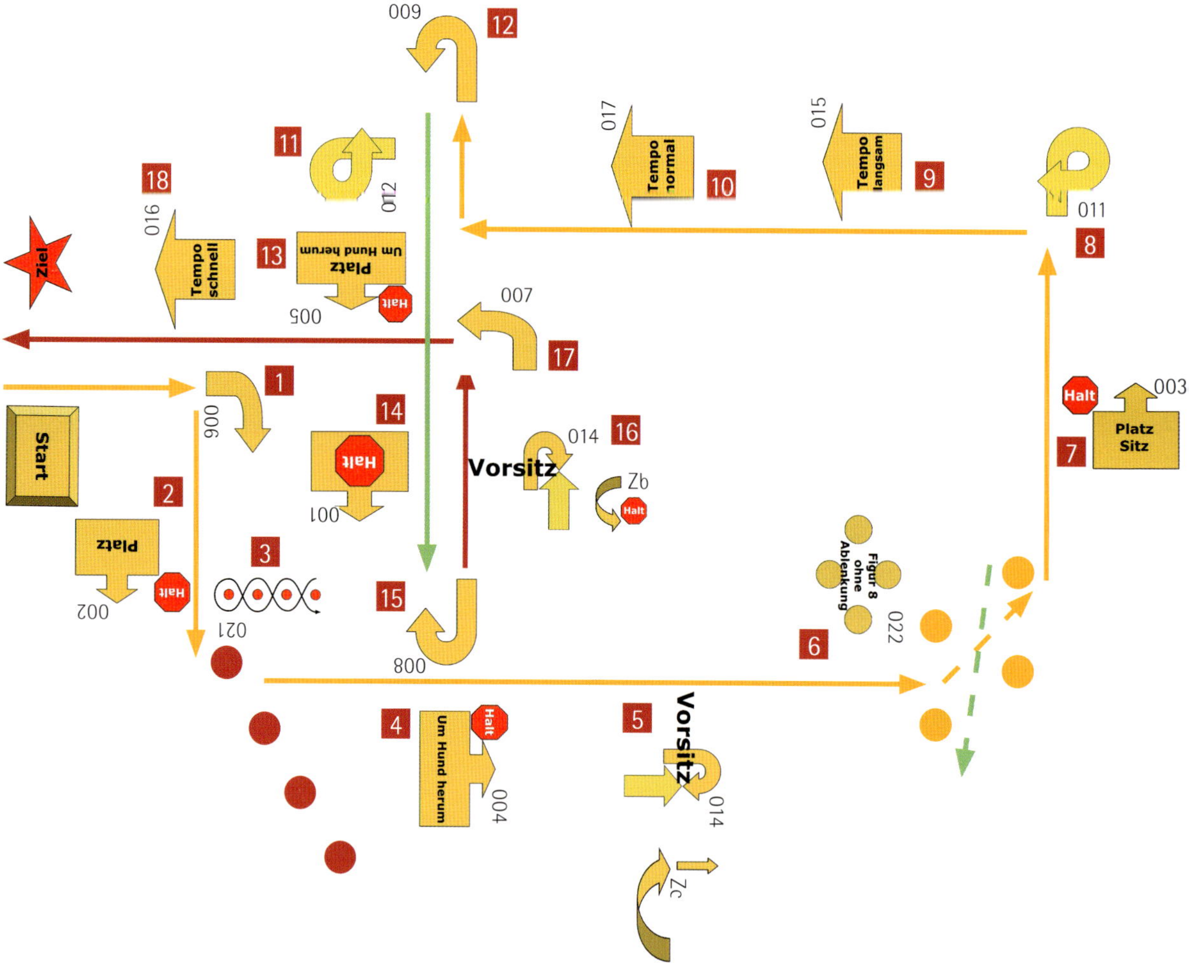

Start	Schild	Klasse: B S 1 2 3	Start	Schild	Klasse: B S 1 2 3
1	6	B: Nach rechts	11	12	B: 270° links
2	2	A: Halt – Platz*	12	9	B: Links kehrt
3	21	B: Slalom hin und zurück	13	5	A: Halt – Platz – Um Hund herum*
4	4	A: Halt – Um Hund herum*	14	1	A: Halt*
5	14	Z: Vorsitz	15	8	B: Rechts kehrt
	Zc	B: Hund rechts rum – vorwärts	16	14	Z: Vorsitz
6	22	B: Figur 8 ohne Ablenkung		Zb	A: Hund links rum – Halt
7	3	A: Halt – Platz – Sitz	17	7	B: Nach links
8	11	B: 270° rechts	18	16	B: Tempo schnell
9	15	B: Tempo langsam			
10	17	B: Tempo normal			

A: stationäre Übung B: Bewegungsübung Z: Übung braucht Zusatzschild Za, Zb, Zc, Zd *Übung muss bestanden werden

Rally Obedience Parcours Klasse 1

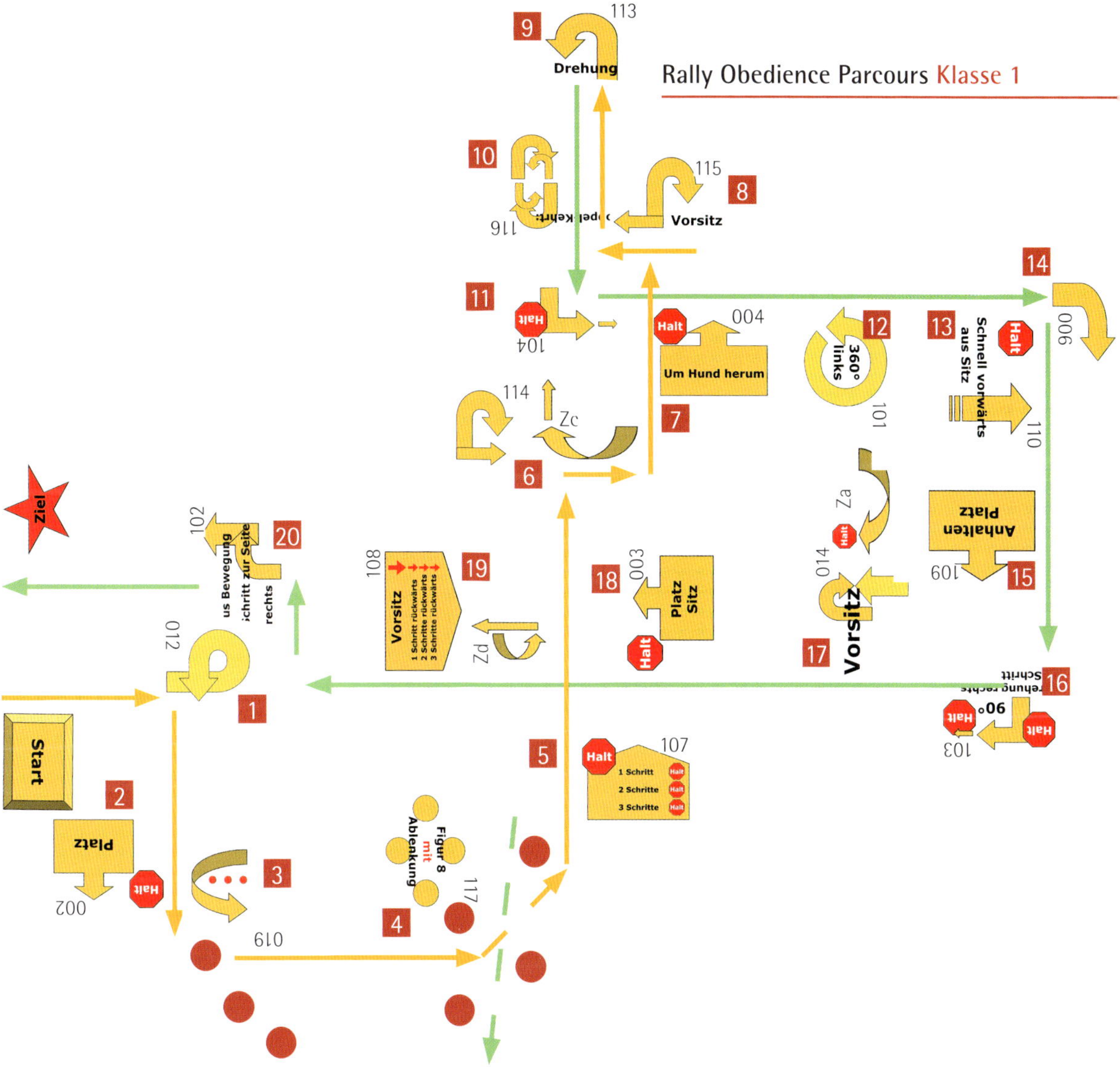

Start	Schild	Klasse: B S 1 2 3
1	12	B: 270° links
2	2	A: Halt – Platz*
3	19	B: Spirale links – Hund innen
4	117	B: Figur 8 mit Ablenkung
5	107	A: Halt – 1+2+3 Schritte vorwärts mit Halt
6	114	Z: Vorsitz – Schritt zur Seite – rechts
	Zc	B: Hund rechts rum – vorwärts
7	4	A: Halt – Um Hund herum*
8	115	Z: Vorsitz – Schritt zur Seite – links
	Zd	B: Hund links rum – vorwärts
9	113	B: 180° Drehung links
10	116	B: Kehrtwendung – HF n. links Hd n. rechts (2X)
11	104	B: Halt – 90° links – vorwärts
12	101	B: 360° links
13	110	B: Halt – Schnell vorwärts aus Sitz
14	6	B: Nach rechts
15	109	B: Anhalten – Platz*
16	103	B: Halt – 90° rechts – vorwärts
17	14	Z: Vorsitz
	Za	A: Hund rechts rum – Halt
18	3	A: Halt – Platz – Sitz
19	108	Z: Vorsitz – 1+2+3 Schritte rückwärts mit Vorsitz
	Zd	B: Hund links rum – vorwärts
20	102	B: Aus Bewegung Schritt nach rechts

Rally Obedience Parcours Klasse 2

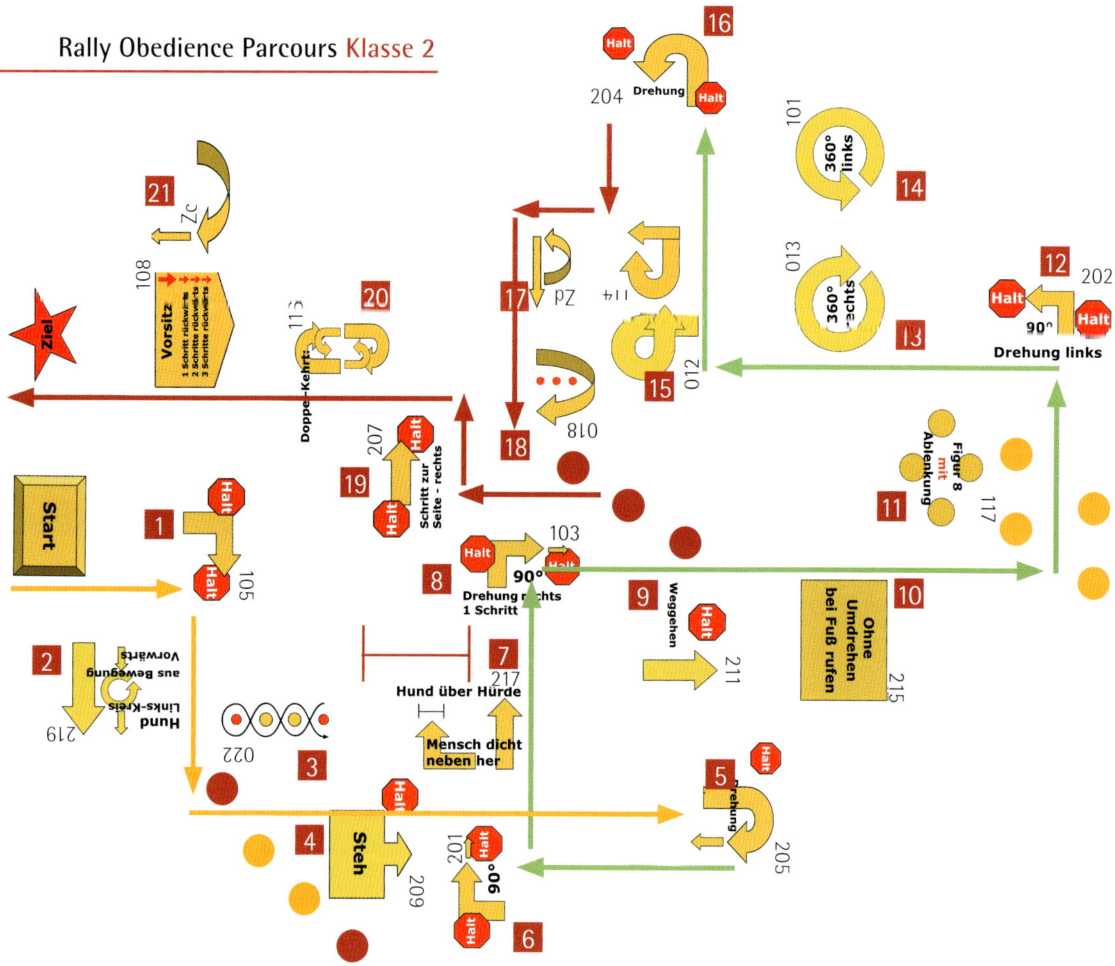

Start	Schild	Parcours: A B C D E	Start	Schild	Klasse: B S 1 2 3
1	105	A. Halt – 90° rechts – Halt	12	202	A: Halt – 90° links – 1 Schritt – Halt
2	219	B: Hd Linkskreis – aus Bewegung – vorwärts	13	13	B: 360° rechts
3	220	B: Slalom hin und zurück – mit Ablenkung	14	101	B: 360° links
			15	12	B: 270° links
4	209	A: Halt – Steh	16	204	A: Halt – 180° links – Halt
5	205	B: Halt – 180° rechts – vorwärts	17	114	Z: Vorsitz – Schritt zur Seite – rechts
				Zd	B:Hund links rum – vorwärts
6	201	A: Halt – 90° rechts – 1 Schritt – Halt	18	18	B: Spirale rechts – Hund aussen
7	217	B: Hd über Hürde – HF dicht neben her*	19	207	A: Halt – Schritt zur Seite rechts – Halt
			20	116	B: Kehrrwendung – HF n. links – Hd n. rechts (2X)
8	103	B: Halt – 90° rechts – vorwärts			
9	211	Z: Halt – Weggehen*	21	108	Z: Vorsitz – 1+2+3 Schritte rückwärts mit Vorsitz
10	215	B: Ohne Umdrehen – bei Fuss rufen			
11	117	B: Figur 8 mit Ablenkung		Zc	B:Hund rechts rum – vorwärts

A: stationäre Übung B: Bewegungsübung Z: Übung braucht Zusatzschild Za, Zb, Zc, Zd *Übung muss bestanden werden

Rally Obedience Parcours Klasse 3

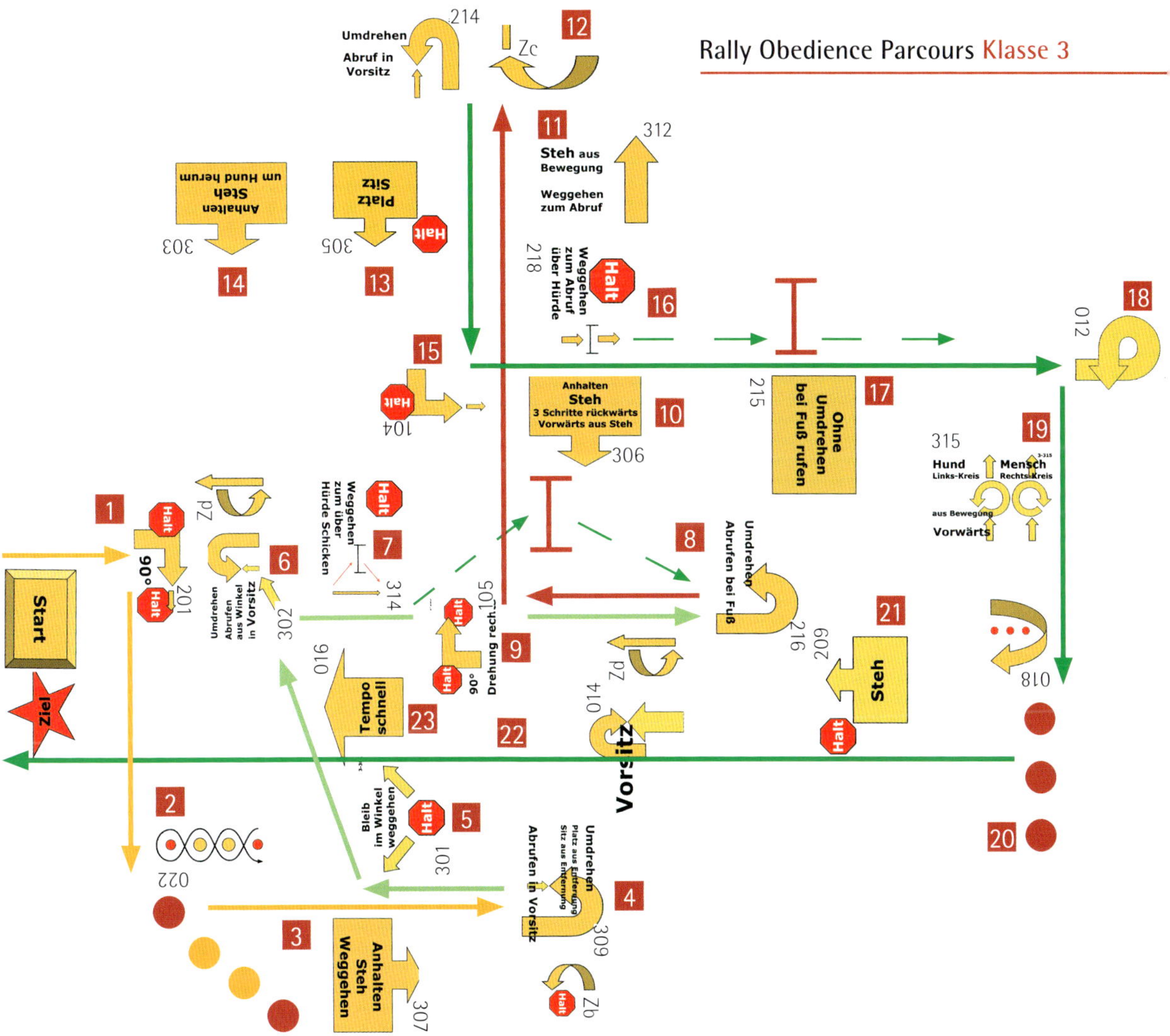

Start	Schild	Parcours: A B C D E
1	201	A: Halt – 90° rechts – 1 Schritt – Halt
2	220	B: Slalom hin und zurück – mit Ablenkung
3	307	Z: Anhalten – Steh – Weggehen*
4	309	Z: Umdrehen – Platz fern – Sitz fern – Abrufen in Vorsitz
	Zb	A: Hund links rum – Halt
5	301	Z: Halt – Bleib – im Winkel weggehen*
6	302	Z: Umdrehen – Abrufen aus Winkel in Vorsitz
	Zd	B: Hund links rum – vorwärts
7	314	Z: Halt – Weggehen zum über Hürde schicken*
8	216	B: Umdrehen – Abrufen bei Fuss
9	105	A: Halt – 90° rechts – Halt
10	306	B: Anhalten – Steh – 3 Schritte rückwärts – Vorwärts aus Vorsitz
11	312	Z: Steh aus Bewegung – Weggehen*

Start	Schild	Klasse: B S 1 2 3
12	214	Z: Umdrehen – Abruf in Vorsitz
	Zc	B: Hund rechts rum – vorwärts
13	305	A: Halt – Platz – Steh
14	303	A: Anhalten – Steh – Um Hund herum*
15	104	B: Halt – 90° links – vorwärts
16	218	Z: Halt – Weggehen zum Abruf über Hürde*
17	215	B: Ohne Umdrehen – bei Fuss rufen
18	12	B: 270° links
19	315	B: Hd Linkskreis – HF Rechtskreis
20	18	B: Spirale rechts – Hund aussen
21	209	A: Halt – Steh
22	14	Z: Vorsitz
	Zd	B: Hund links rum – vorwärts
23	16	B: Tempo schnell

Angelika Schröder mit ihren Australian Shepherds.

Danke

„Hast du vielleicht Lust, ein Buch über Rally Obedience zu schreiben?" Mit dieser für mich völlig überraschenden Frage von Madeleine Franck im August 2012 fing alles an, was jetzt als Buch vor euch liegt. Danke Madeleine für diesen Anstoß.

In den folgenden Monaten habe ich während der Entstehungsphase dieses Buches Unterstützung von den unterschiedlichsten Seiten erfahren. Dafür möchte ich mich hier bedanken:
Mein Mann Joachim Mau hat mir mit unerschöpflicher Geduld zur Seite gestanden, hat ungezählte Male Textauszüge gelesen, kommentiert und mit mir diskutiert, er hat mich ermutigt und an mich geglaubt, tausend Mal danke dafür! Angelika Just danke ich dafür, dass sie immer ein offenes Ohr für mich hatte, für Anregungen und Tipps bei inhaltlichen oder organisatorischen Fragen, für Aufmunterung, wenn ich in einer Sackgasse steckte oder einmal nicht weiter wusste.

Pamela Toske hat sich viel Zeit genommen, um sowohl meine Entwürfe zu korrigieren und intensiv mit mir zu besprechen, als auch bei der zeitaufwändigen Auswahl der Fotos zu helfen, ganz herzlichen Dank dafür!

Und natürlich danke ich all „meinen" Rally-Obedience-Sportlern und ihren vierbeinigen Partnern für die zahlreichen Erfahrungen, die ich im Training oder auf Turnieren mit ihnen machen durfte. Eure Rückmeldungen zu den Trainings, meinen Übungserklärungen und zu den Trainingstipps haben die Beschreibungen in diesem Buch erst ermöglicht. Durch eure Bereitschaft und Geduld bei den Fototerminen mit unserer unermüdlichen Fotografin Claudia Träger (Danke) sind die vielen wunderschönen Bilder entstanden, die nun „unser" Buch illustrieren.

Ohne euch alle wäre ich das Wagnis, dieses Buch zu schreiben, nicht eingegangen; ihr alle habt einen wichtigen Anteil daran, dass es nun fertig ist.

Zuletzt ein besonderes Dankeschön an unsere eigenen Hunde: Lando, unser 14-jähriger Senior, Maya, mein Augenstern und Nayla, unsere braune Kampfschmuserin – erst durch euch ist unser Leben komplett.

VERZEICHNIS
der Übungen

Halt ... 33
Halt – Platz ... 33
Halt – Platz – Sitz ... 34
Halt – Um Hund herum ... 34
Halt – Platz – Um Hund herum ... 36
Halt – 1, 2, 3 Schritte vorwärts ... 36
Anhalten – Platz ... 37
Nach rechts ... 38
Nach links ... 38
Rechtskehrt ... 40
Linkskehrt ... 40
270 Grad rechts ... 41
270 Grad links ... 42
Kehrtwendung ... 42
Aus der Bewegung Schritt zur Seite rechts ... 44
Vorsitz ... 47
Hund rechtsherum – Halt ... 48
Hund linksherum – Halt ... 49
Hund rechtsherum – Vorwärts ... 49
Hund linksherum – Vorwärts ... 52
Vorsitz – 1, 2, 3 Schritte rückwärts ... 52
Tempo langsam ... 52
Tempo schnell ... 53
Tempo normal ... 54
Halt – Schnell vorwärts aus Sitz ... 54
Spirale rechts – Hund außen ... 55
Spirale links – Hund innen ... 56
Slalom einfach ... 57
Slalom hin und zurück ... 58
Figur 8 ohne Ablenkung ... 59
Halt – 90-Grad-Drehung rechts – Halt ... 61
Halt – 90-Grad-Drehung links – Halt ... 62
180-Grad-Drehung rechts ... 64
180-Grad-Drehung links ... 64
Doppelkehrt – Mensch nach links, Hund nach rechts ... 67
360 Grad rechts ... 67
360 Grad links ... 70
Halt – 90 Grad rechts – 1 Schritt – Halt ... 71
Halt – 90 Grad links – 1 Schritt – Halt ... 74
Halt – 180 Grad rechts – Halt ... 74
Halt – 180 Grad links – Halt ... 76
Halt – 180 Grad rechts und vorwärts ... 76
Halt – 180 Grad links und vorwärts ... 77
Halt – Schritt zur Seite rechts – Halt ... 77
Halt – Weggehen ... 79
Anhalten – Platz – Weggehen ... 80
Halt – Bleib – Im Winkel weggehen ... 81
Umdrehen – Zurück zum Hund ... 81
Umdrehen – Abruf in Vorsitz ... 82
Umdrehen – Abrufen aus Winkel in Vorsitz ... 82
Halt – Wegrennen – Abrufen in Vorsitz aus Laufschritt ... 84
Ohne Umdrehen bei Fuß rufen ... 86
Umdrehen – Abruf bei Fuß ... 87
Umdrehen – Abruf in Platz – Abruf in Vorsitz .. 87
Umdrehen – Platz aus Entfernung – Sitz aus Entfernung – Abrufen in Vorsitz ... 89
Hund über Hürde – Mensch dicht nebenher ... 91
Hund über Hürde – Mensch nebenher ... 92
Halt – Weggehen zum Abruf über Hürde ... 94
Halt – Weggehen zum Über-Hürde-Schicken ... 95
Figur 8 mit Ablenkung ... 96
Slalom einfach mit Ablenkung ... 97
Slalom hin und zurück mit Ablenkung ... 99
Halt – Steh ... 101
Halt – Steh – Sitz ... 103
Anhalten – Steh – Um den Hund herum ... 103
Halt – Steh – Platz ... 107
Steh – Drei Schritte rückwärts – Vorwärts aus Steh ... 107
Anhalten – Steh – Weggehen ... 108
Halt – Platz – Steh ... 110
Sitz aus Bewegung ... 111
Platz aus Bewegung ... 112
Steh aus Bewegung ... 113
Hund Linkskreis – Aus Bewegung – Vorwärt... 113
Hund Linkskreis – Mensch Rechtskreis ... 116
Vorsitz – Schritt zur Seite – Rechts ... 117
Vorsitz – Schritt zur Seite – Links ... 118
Halt – 3 Sekunden halten – Aus ... 120
Halt – Halten – 3 Schritte – Aus ... 122
Bring aus der Bewegung ... 124
Halt – Aus ... 124
Aus ... 124
Halt – 360 Grad rechts ... 125
Halt – 360 Grad links ... 125
Slalom – Hund außen ... 125
Spirale – Hund außen ... 126
Spirale – Hund innen ... 126